不埋沒一本好書，不錯過一個愛書人

七樓書店

遗失在西方的中国史

中国手工业调查

1921—1930（上）

［美］鲁道夫·P.霍梅尔 著　　戴吾三 等 译

SPM 南方出版传媒·广东人民出版社
·广州·

图书在版编目（CIP）数据

中国手工业调查：1921-1930 /（美）鲁道夫·P. 霍梅尔著；戴吾三等译 . — 广州：广东人民出版社，2021.10
　（遗失在西方的中国史）
　ISBN 978-7-218-15163-2

Ⅰ．①中… Ⅱ．①鲁… ②戴… Ⅲ．①手工业史－中国－1921-1930 Ⅳ．① TS-092

中国版本图书馆 CIP 数据核字（2021）第 161030 号

Zhongguo Shougongye Diaocha: 1921-1930
中国手工业调查：1921—1930

［美］鲁道夫·P. 霍梅尔　著　戴吾三　等　译　　版权所有　翻印必究

出 版 人：肖风华

出版监制：黄　平　高　高
选题策划：七楼书店
特约策划：杨宏宇
责任编辑：刘　宇
责任技编：吴彦斌　周星奎
装帧设计：孔庆美

出版发行：广东人民出版社
地　　址：广州市海珠区新港西路 204 号 2 号楼（邮政编码：510300）
电　　话：（020）85716809（总编室）
传　　真：（020）85716872
网　　址：http://www.gdpph.com
印　　刷：北京飞帆印刷有限公司
开　　本：787mm×1092mm　1/16
印　　张：38.5　　字　数：500 千
版　　次：2021 年 10 月第 1 版
印　　次：2021 年 10 月第 1 次印刷
定　　价：228.00 元

中国的、东方的及其他手工业记录

源于一次始自1921年，由亨利·查普曼·莫瑟
策划、资助、指导的考察

谨献此书，以纪念
波士顿先贤
蒂莫西·比洛奇·劳伦斯

愚甥
亨利·查普曼·莫瑟

Nunc ad res transeo, in quibus

maxime sunt personis juncta,

quae agimus, ideoque prima

tractanda: in omnibus porro,

quae fiunt, quaeritur aut

Quare? aut

Ubi? aut

Quando? aut

Quomodo? aut

Per Quae?

        facta sunt.

现在，我们将讨论

密切影响人类，

因而必须首先考虑的行为，

对于所有这些行为，应追问：

何故而作？

何处所作？

何时所作？

何法所作？

何人所作？

De Institutione Oratoria

Liber V, 10, 32

《雄辩术原理》

第五卷，第十章，第32节

MARCUS FABIUS QUINTILIANUS

马库斯·法比尤斯·昆体良

I keep six honest serving men,

They taught me all I know;

Their names are What and Why and When,

And How and Where and Who.

我有六个忠实的仆人，

我的知识都是它们教会的；

它们的名字分别是"什么""为什么"

"何时""怎么""哪里""谁"。

RUDYARD KIPLING

吉卜林

序一

《中国手工业调查：1921—1930》是一部翔实而细致地著录中国传统手工技艺及其器具的图文并茂的著作，其中还包含着作者的平民意识、人文精神和对中国人与中华文化的尊重。原书的副标题"中国劳苦大众的手工业图录、中华文明之一诠释"，确切地表述了作者的这一撰作意向。

本书作者鲁道夫·P. 霍梅尔（Rudolf P. Hommel）生于1887年，卒于1950年。其父弗里茨·霍梅尔是德国慕尼黑大学的东方语言学教授。受父亲的熏陶，霍氏在青年时代便对中国文化有浓厚的兴趣。1921年，时年34岁的他受莫瑟博士（Dr. Henry Chapman Mercer，1856—1930）之托，来到中国做手工业的实地调查，至1930年累计在华工作和生活8年之久，其间于1927年赴日本做了一年调查。之后，经多年研究和写作，于1937年刊行是书，这时的他已是50岁的中年人了。

在霍氏之前，李希霍芬、章鸿钊等中外学者已对中国传统手工艺做过一些实地调查，但在广度和深度方面，都不及霍梅尔。

在霍氏之后，20世纪50年代之前，张含英、梁思成、王振铎、谭旦冏等结合各自的研究方向，做了与水利、营造、机械等相关的传统工艺调查，对学科史的研究起了至关重要的作用。

20世纪50年代之后，更多学者诸如王世襄、方心芳、温廷宽、潘吉星、宋兆麟、张秉伦、谭德睿、杨永善、乔十光、张燕、钱小萍、周嘉华、祝大震，以及苏荣誉、张柏春、杨源、李晓光、唐绪祥、樊嘉禄、方晓阳、邱耿钰、王连海、根秋登子、张建世、关晓武、陈彪等，先后投身于这项工作，范围之大覆盖了传统工艺的所有领域，研究之深包括现代科技手段之应用也远超既往。但除王世襄、宋兆麟两位先生外，所涉及的名目和投入的时间与精力，仍鲜有与霍氏相埒者。这决定了《中国手工业调查：1921—1930》一书的重要学术价值和历史地位。霍氏所记录和拍摄的某些技艺和用具,如江西牯岭用黑色火药爆破岩层,鄱阳湖渔民用插入水中的白漆木板诱使鱼儿跳入舟中的特殊捕鱼方法,安徽当涂铸锅用的半永久泥型[1],以及铸造锡器用的石范,等等,如今不是早就失传也是极为罕见的了。诚如李约瑟(Joseph Needham,1900—1995)所说:"霍梅尔关于当代传统的中国实践的书,是独特和有价值的。就我们所知,唯一可与其相比的是近时谭旦冏关于中国传统技术的有趣的论文。"[2]李氏此书征引霍氏之说多达15例,他在其他场合亦曾誉称《中国手工业调查:1921—1930》为这一研究领域的经典之作。

笔者是在1964年到中国科学院自然科学史所读研究生时读到霍梅尔这本书的,时隔50多年重读是书,当年那种敬佩之情仍油然而生并倍觉震撼。这本书不但引导我们该如何做田野调查,而且教导我们要关切底层手艺人的疾苦,将抢救保护传统工艺这一民族科技宝库引为己任。

历经8年、跑遍半个中国的霍氏,充分展现了他勤奋踏实的敬业精神、严谨规范的治学准则和细致周详的工作作风。除此之外,这部耗费了他十余年心力的大作还有以下两个特点:

一是视野开阔,广征博引,通过对中、日和西方各国传统手工艺及其器具的分析比较,使研究更为深入和具有说服力。例证很多,这里就不一一列举了。

二是在文本展开中,详述工艺流程、技术细节和器具形制功用的同时,对相关的

---

[1] 20世纪50年代后期,有关部门曾对无锡王元吉冶坊的半永久泥型铸锅做过较翔实的调查,但这一技艺在当地已湮没无闻。云南个旧现仍有作坊用石范铸做锡器,这是唐绪祥先生2009年发现的。

[2] 李约瑟《中国科学技术史》第四卷《理学及相关技术》第二分册《机械工程》,参见中译本第2页,科学出版社,上海古籍出版社,1999年。

社会、人文内涵做了铺叙。例如，他说："每天有许许多多的人由于劳累，脸上挂满了汗水；每天有许许多多的人弯着腰为食物劳作，不时发出叹息。在中国，任何东西都没有食物那么重要。"在述及上海、浙江、江西等地的木匠拉着大锯解板时，他指出，这种长达4英尺5英寸的锯可以让人烦劳致死。中国工匠也是有血有肉之人，用这种锯拉上12小时，是为了一天能吃上三顿干饭。他对温州林业局官员接受日本利益集团贿赂，滥伐森林，造成水位上涨，提出了抗议；还报道龙泉地区的士绅为保护森林资源，拒绝出售供烧炭用的木材，而官员们却借口"为了国家的利益"动用武力。正如霍氏本人所说，他写作此书的目的"在于展示普通中国人的生活全貌"，其间也就贯穿了他对劳苦大众的人文关怀和超越时代局限的忧患意识。他赞扬中国精耕细作的绿色农业，指出"肆意浪费是西方人生活方式的主调，其毁灭性的破坏将威胁并最终会吞噬西方文明"，也是颇具远见的。

坦率地讲，尽管本书问世已80多年，但我们在某些方面和霍氏仍是存在差距的，原因在于：

长期的政治运动、思想禁锢，以及人文教育的缺位对学术界影响至深，导致人文精神的欠缺。

民国时期形成的"重理工轻人文"的倾向延续了近百年，文理分科更加剧了这一畸变，导致几代人知识结构的偏颇。

在极"左"思潮影响下，传统工艺的保护和研究长期被漠视，甚至无行政主管部门之关注。体制的缺位使技艺传承和学术传承都出现危机，更遑论系统和有序的工作开展。

所有这些非正常的社会现象，都在我们的工作和论著中有所反映。长期累积起来的问题不是朝夕间能解决的，但我们应当明白症结之所在，并努力促使其向良性方向转变。从这一角度来看，本书的翻译出版是有现实意义和范本价值的。值此再版之际，仍要感谢范春萍女士为本书初版（《手艺中国》，北京理工大学出版社，2012年）付出的努力，对其识见谨表敬意。

传统工艺调查研究属于技术史亦即史学的范畴。史学研究的本质特征之一是其非全息性和信息获得的历时性。是以，前辈学者陈寅恪、傅斯年等都将史料的收集、整理、辩正、厘定视作史学研究的第一要义、最重要的基础性工作。舍此，学术研究便成水中之月、镜中之花，极易流入空泛。在传统工艺研究领域中，霍氏此书无疑属于基础性的开山之作，继起者有彭泽益穷毕生之功编就的《中国近代手工业史资料》、荆三林的《中国生产工具发展史》、陈振中的《先秦青铜生产工具》等。而涵盖中国传统工艺全部14大类的文献型系列著作《中国传统工艺全集》，则是在百余位学人长年深入调查研究的基础上，汇集前人、今人既有成果方克成就的。

这再次说明了基础性工作的极端重要性。显然，为促进学术繁荣，我们必须大力提倡做扎实的基础性工作，而文本翻译也是其中不可或缺的组成部分。翻译是一种再创作，是一项苦差事。中国现正处于转型时期，社会上弥漫的急功近利、浮躁草率之风已深深地侵入学术界。在这样的情况下，戴吾三等译者能静下心来从事译作，并力求做到"信、达、雅"，很值得人们尊敬。时间将筛去一切浮在表层的事象，学术的明天属于当下辛勤劳作、埋头苦干，老老实实做学问的人。

华觉明

2021年7月8日

序二

　　这是一部读来令人感动的书。在兵荒马乱的年代，一个美国人，在中国内地走村串户考察了8年，回国后又潜心研究多年，以严谨的态度著成此书，用自己的相机和尺笔，为中华民族留下了珍贵的史料和生活记忆。

　　农耕民族推崇自给自足的自然经济，因此手工业较发达。几千年来，中华民族面朝黄土耕作，利用工暇之时制作生活工作所需，凡用具、工具、农具、家具以及衣帽鞋袜都自己动手制作，久而久之，手工成了手艺。

　　较之工业文明，手工业文明更能寄托人类的情感。人们将生活和工作的必需化解成为一条条有效的途径，通向幸福之门。人们用思想和双手编织生活景象，制造工作便利，在生活中提高质量，在工作中提高效率。

　　中国手艺的积累大都以实物诉说。中华文明硕果累累，仰韶的彩陶、良渚的玉器，先秦的青铜、汉代的漆器，唐之金银、宋之陶瓷，元明清更是不胜枚举，中国古人的手艺不经意间将生活艺术化，让后人仰而视之，诚惶诚恐。

　　而劳作之中，工具成为帮手，让手工业趋于便利，然后得以长足发展。中国传统手工业在生活与工作两大领域各显神通：生活上，中国人越来越精致，越来越将手工艺术化；工作上，工具的发明及使用成就了几千年灿烂的中华文明。

　　可惜我们少有人记录这些，也少有人珍惜这些。倒是一个美国人在90多年前，为我们做了如此重要的记录。今天读来，仍让人心动。一个美国人，在中国大陆上由北及南，孜孜以求地将这个国度几千年来积累的文明做了客观的考察，事隔近百年，我们再看它时几乎就是完备的总结。因在那之后，中国陷入战乱，继而又置身于高速发展时期，使这些古文明成了残缺不全的记忆，而鲁道夫·P. 霍梅尔所做的一切，为我们直观地补上了这些残缺。

　　工业化文明、信息化文明将人类文明带入高速行进的轨道，与手工业文明漫长的历史相比，可以说日新月异。但是，文明有善果，亦会出现恶果，善恶之间，多为一念之差，人类还常常浑然不觉，只有靠时间才能做出终极判断。

本书作者恰恰在中国工业化前夕来到中国，又付出了极大精力和毅力完成了史无前例的任务，才让我们今天有幸看到我们自己百年前乃至千年前的缩影，而这缩影的每一细微之处都是中华文化的精华所在，都是我们赖以生存的精神。

手艺具有思想，思想能放出光芒。对中国人来说，手艺是古代中国的命根子，我们曾长久地攥着这命根子，让民族长寿至今。

谨以为序，并向作者、译者、编者致以崇高的敬意！

马未都

2011年11月25日

译序

呈现在读者面前的《中国手工业调查：1921—1930》，原书名为 "*China at Work: An Illustrated Record of the Primitive Industries of China's Masses, Whose Life is Toil, and Thus an Account of Chinese Civilization*"，直译是"劳作的中国：中国劳苦大众生活的原始工业图志——中国文明记录"，作者是美国学者鲁道夫·P.霍梅尔（旧译杭默尔、汉默尔）。本书于20世纪30年代出版，时隔80余年后以中文形式面世，穿过历史的岁月，我们再一次感受到它独特的生命力。

一

鲁道夫·P.霍梅尔，1887年出生于德国慕尼黑，1908年移居美国。曾入哈佛大学和里海大学学习，后在多家企业和机构工作。1921年霍梅尔接受亨利·查普曼·莫瑟博士提出的研究计划，远涉重洋到中国，任务是"用影像和文字记录中国人使用的工具和器物"，并带一些工具实物或复制品交给莫瑟博物馆。说到该研究计划的缘起，莫瑟博士在宾州的多伊尔斯敦城创办了一个冠以家族名义的莫瑟博物馆，收藏有近2.5万件由欧洲移民带来美国或按欧洲样式设计的工具和机械。有感于美国已普遍采用机械化，使得传统的工具和机械很少使用或废弃，莫瑟博士便想到用家族基金资助一个研究计划，研究未被现代化和机械化的潮流冲击的远东的农业和手工业。

莫瑟博士的想法很有创意。然而，对可能遇到的困难却缺乏充分估计。霍梅尔实地调查所花费的时间比预计的长，先是从1921年至1926年，后是1928年至1930年，范围广到半个中国，足迹遍及十几个省和地区。实地调查的难度也比预想的大，不仅是战争、交通等原因，就以用照相机为例，这种当时已为西方人熟悉的工具，却因中国人对照相机的本能反感而阻力重重，"这种反感不仅使人们不愿被拍照，还不愿让自己的物品被拍照"。即使做一些基本的尺寸测量,"对于中国人来说,就同给他们照相这件事一样被忌讳,甚至被看作是最致命的一点,可能就像是用尸体去量棺材的大小一样难以接受"。(霍梅尔语)

在克服了种种困难后,1930年霍梅尔完成任务回国,此后他整理调查资料,著成《中国手工业调查:1921—1930》一书,1937年在纽约出版。说到本书的目的,霍梅尔在序言中写道:"在于展示普通中国人的生活全貌,就像今天千百万人的生活——一种几千年来没有发生根本变化的生活。本书在用图片展示当代中国人的生活图景时,从中也折射出过去人们的生活方式,而且通过对手工艺物品的研究,可使我们了解一段人类发展与文明的历史。"

关于霍梅尔本人的其他情况,据"The United States in Asia: a historical dictionary"介绍,他后来担任过蒙哥马利市历史学会的图书馆馆长等职,还开办过一家文物商店,1950年在一次交通事故中不幸遇难。

二

《中国手工业调查:1921—1930》出版时,中国已是烽火连天,不久第二次世界大战全面爆发,这种情况下,此书没有为学术界过多关注,是完全可以理解的。

随着时间的流逝,情境全然改变。今天来看《中国手工业调查:1921—1930》,它犹如拂去尘埃的金子,灿灿闪光。该书由于实物资料的丰赡,被公认在中国科技史研究上占有重要地位,不仅如此,在研究物质文化遗产、社会学、人类学等方面也都体现出独特的价值。

在霍梅尔之前,已有许多西方学者(含传教士)先后踏上中国这片古老的土地,不乏有人写中国游记，出版中国主题的专著。不过，在摄影术诞生之前，这些著述大都是通篇文字，或只有少量绘画，还谈不上用照相方式记录。19世纪末期，照相机的应用逐渐普遍，来华的西方学者和记者，有用镜头专门记录中国的长城、运河、城市、寺庙、自然景观的，然而，却鲜有镜头对准平凡、普通的工具和器物，更少有人对这些工具和器物进行细致的测量，对它们的基本结构进行分析，并就中日或中西的工具作比较。因而，就对中国传统工具和器物做详细的调查，采用照相记录的方式，并配合测量的手段而言，可以说《中国手工业调查：1921—1930》是"空前"的。

在某种意义上，也可以说《中国手工业调查：1921—1930》是"绝后"的。这是因为，从中华人民共和国成立到实行改革开放的30年间，几乎没有西方学者再来中国进行全面的传统工具和器物的调查。而后40年中国社会快速转型，加快了现代化步伐，使大量的传统工具和器物消逝，使无数的乡村改变了模样。这些年虽然不断有来华专事调查的西方学者，就某些工具和器物的调查也做了大量的工作，但如霍梅尔那样，通及范围之大，涉及工具和器物之多，所见样式之古老，却因条件的改变难以再现！

第二次世界大战结束后世界秩序重建，《中国手工业调查：1921—1930》也走出沉寂。20世纪50年代，《中国手工业调查：1921—1930》的价值逐渐引起学术界重视，1952年该书部分章节被译成日文在日本出版。五六十年代，随着李约瑟等一批西方学者开辟中国科技史研究领域，《中国手工业调查：1921—1930》的诸多图像和文字记述被征引，被讨论；研究西方科技史的学者，也表现出对它的浓厚兴趣，不时以该书记载的工具或器物与西方古代（或中世纪）的器物作比较（典型如水轮、磨）。1970年，美国麻省理工（MIT）出版社重新出版了这本书，反映了学术界的需求。至于研究中国科技史（特别是机械、冶金、纺织等门类）的中国学者，不消说都要研读这一著作，以了解本土古老的发明，并进行必要的分析对比，而且也从霍梅尔的研究中获得启示。

三

翻看《中国手工业调查：1921—1930》可见，除了中国边疆少数民族地区，除了富贵人士所用的奢侈器物，该书对20世纪二三十年代普通中国人日常用的工具和器物，做了尽可能全面详细的记录，并描述了使用这些工具和器物的普通人的生活。

按作者所言，其对中国各式各样的日常所用工具和器物，采用18世纪西方工具分类法做了分组归类，即：（1）制作工具或铁器；（2）食物；（3）衣物；（4）建筑；（5）运输。

本书目录分五章，与上述的分组归类对应，依次是：基本工具、农业工具、制衣工具、建筑工具、运输工具。每大类下又进行了细分，计有140余项。除去有关日本的工具、历史回顾等项内容，涉及中国的工具和器物至少有120小类，每小类又有细分，如"铁匠工具"这一小类就有锤子、抢刀、火钳、铁剪、锉刀、圆规等。而火钳按所夹持的器形，钳口有的扁平，有的长而带尖，还有的呈鼓形。当然，小类划分并不严格，所含工具和器物的多寡也非均衡，但不可否认，几乎涵盖了中国人的日常所用，涉含工具和器物有千件之多。

通读本书可知，直到20世纪二三十年代，中国人所用的工具和器物都是本土发明，追溯起来大都有上千年（甚至更久）的历史，如农业用的犁、耧、秧马、连枷、辘轳；手工业用的斧、锯、刨子、墨斗；运输用的独轮车、双轮大车等，这些工具表现出的效能，与中国社会的小农经济相适应，与相对封闭的地理环境相适应。而从20

世纪80年代起，仅仅几十年时间，随着社会的快速转型，大量传统的工具和器物消逝，淡出了人们的视野。

通读本书可知，中国传统工具并非都是简陋粗制的器物，有些看似简单的工具其实非常精巧，如风箱、手推磨、龙骨水车等，而且不同地区各有特色。这些器物展示的精巧结构、实用效能，引起西方学者的极大兴趣。

通读本书可知，中国的酿酒、榨油、制豆腐等工艺独具特色，该书对这些传统工艺做了详细描述，根据这些记述都可以复原操作。

通读本书可知，20世纪二三十年代，在大量进口的西方工业产品的影响下，中国本土的许多手工技术和产品岌岌可危，如手工拉制金属丝和手工制针、制钉，打锡壶等，都受到西方工业产品的严重冲击，而今这些手工艺连同其技术、产品荡然无存，罕为人知。

四

《中国手工业调查：1921—1930》最大的特点是图片，正是那些看似没有艺术感的黑白照，如今成为宝贵的实物图像资料。

若把书中的一张张图片排列起来，可以认为它们构成了中国传统工具和器物的全景图，再想象那些使用工具和器物的普通劳动者，不啻展示了一幅中国物质文化史的长卷。

当今中国，变化天翻地覆。高歌前行中我们蓦然回首，那幅"全景图"竟已大半模糊。惊醒中我们思考：在接受西方的器物文明时，我们真的在忘却自己的器物历史吗？

今天，国家高度重视保护物质文化遗产和非物质文化遗产，越来越多的人也意识到传统工具和器物所富含的价值，它们是历史记忆的感性元素，它们承载着我们民族的情感。

让我们走进《中国手工业调查：1921—1930》，重温那段属于我们的器物历史吧。

戴吾三

2021年6月

前言

　　我有幸在中国前后生活了8年（1921年到1926年，再是1928年到1930年）。在这8年里，我不仅在中国到处旅行，并且和中国人一起生活，对他们有了更多的了解。虽然遇到很多困难（一个中国人在本土旅行也会遇到），我却越来越尊重中国人民和中国的文化。

　　十几年前，亨利·查普曼·莫瑟博士交给我一个任务：用影像和文字记录中国人使用的工具和器物。非常遗憾的是，莫瑟博士未能看见我完成任务归来，他于1930年3月9日去世。这个任务难度很大，因中国人对照相机的本能反感更是阻力重重，这种反感不仅使人们不愿被拍照，还不愿让自己的物品被拍照。尽管有很多困难——持续多年的中国内战使困难倍增——但我还是收集了足够的图片和信息，完成了这本著作。本书的目的在于展示普通中国人的生活全貌，就像今天千百万人的生活——一种几千年来没有发生根本变化的生活。本书用图片展示当代中国人的生活图景时，从中也折射出过去人们的生活方式，而且通过对手工艺物品的研究，可使我们了解一段人类发展与文明的历史。我们今天在宽泛的意义上谈论的文明，应包括农民和商人（这两部分人合起来占人口的百分之九十）的活动。

　　我在中国按器具原物拍摄的图片以及文字介绍，是按莫瑟博物馆（属巴克斯历史学会，位于美国宾夕法尼亚州多伊尔斯敦城）采用的18世纪工具分类法做的分组归类，即：

　　一类包括（1）制作工具或铁器，所有工具制作的基础；（2）食物；（3）衣物；（4）居所；（5）运输。

　　二类包括语言、宗教、科学、商贸、政府、艺术、娱乐，这部分待资料丰富后会成另一本书。

　　本书主要描述了中国的工具。1927年中国发生的内乱迫使调查中断，于是我就去日本待了近一年，借此机会对日本留存的工具做了一定研究。正因为此，我可以介绍一些日本的工具，并与中国的工具作比较。同时，这样的介绍也有助于消除西方世界混淆中国文化和日本文化的倾向。事实上，中国的历史更为悠久，在唐朝时期（618—907），中国已被认为是世界上最文明的国度，而当时的日本却脱离野蛮社会不久。中国对日本的影响主要在精神文化层面，日本甚至采用了中国文字。然而日本的农作方法、工具和产业基本没有受到中国的影响，他们有其自身的发展。

由于拍摄时所用的景深不同，图片中大多数器物的尺寸只是一个大概数，我尽可能近地沿着器物的水平中心线或是图示的器物去测量。而采用英制尺寸测量对于中国人来说，就同给他们照相这件事一样被忌讳，甚至被看作是最致命的一点，可能就像是用尸体去量棺材的大小一样难以接受。考虑到这一因素，我在拐杖上留了一些秘密符号以代表英制尺寸。我常常随意地拿着它靠在器物边或是放在器物的上方，以得到我想要的数据。

在编撰本书时，以下文献对我帮助颇多：

1. H. 布吕姆尔：《希腊人、罗马人的手工艺和术语》，莱比锡和柏林，1912。

2. F. M. 费尔德豪斯：《史前时代的技艺》，莱比锡和柏林，1914。

3. R. 福勒尔：《实用百科辞典》，柏林和斯图加特，1907。

4. H. A. 吉尔斯（翟理思）：《中国传记辞典》，伦敦，1898。

5. H. A. 吉尔斯（翟理思）：《汉英辞典》，伦敦和上海，1912。

6. F. 赫斯：《中国古代史》，纽约，1908。

7. 富兰克林·H. 金：《四千年农夫》，麦迪逊，威斯康星，1911。

8. B. 劳弗尔：《中国瓷器的起源》，芝加哥，1917。

9. 《珍奇书信集》，巴黎，1780—1783。

10. A. 诺伊伯格：《古代的技艺》，莱比锡，1920。

11. 里什：《古希腊与古罗马语辞典》，巴黎，1861。

12. G. A. 斯图亚特（师图尔）：《中药学》，上海，1911。

13. E. T. C. 威尔纳：《中国社会学》，伦敦，1910。

14. S. W. 威廉姆斯：《中央帝国》，纽约，1883。

15. 亨利·于勒爵士：《马可波罗游记》，伦敦，1921。

对故去的挚友莫瑟博士我心存感激，感谢他多年来给予的协助和激励。他提出并资助了这个研究项目，研究未被现代化和机械化的潮流淹没的远东的农业和手工业（现代化和机械化潮流已在美国发生了）。莫瑟博士在宾夕法尼亚州的多伊尔斯敦城建立了一个博物馆，收有近2.5万件的工具和机械，这些都是由欧洲移民带来的或是按欧洲样式设计的，一直使用到1820年，差不多是蒸汽机和现代机械引进的年代。

我在中国的游历中多次遇到热心的传教士，从他们那里了解到当地的情况和相关的知识。我在这里对他们一并表示深深的谢意。北京的陈懋勤（Ch'en Mao Chih）是一位传统学者，也是受人尊敬的绅士，他在中国文化方面造诣很深，帮助我解决了许多因语言带来的问题。在此，我要对他致以诚挚的敬意。同时，我也要对青岛的吴聪泰（Wu Tsung T'ai）表示感谢，他的丰富学识和对中国习俗的了解使我受益匪浅。

在书稿准备付印之时，我还得到了美国宾州的里海大学艺术与科学学院院长帕莫（P. M. Palmer）教授的帮助。他极为耐心地同我一起阅读了手稿，并就有关复杂的技术性描述的阐释和措辞提出了许多建议。在此对他致以衷心的感谢。

我在中国调查的地域主要是中原地区，长江下游的省份，从汉口到湖南，以及北方的山东和直隶，说明调查范围是为了避免给读者以偏概全的印象。兹举一例，中国有波斯猫吗？一般而言，在中国没有波斯猫，但是在天津的南部，一户回教徒家中就养着一种漂亮的长毛猫，很像名贵的波斯猫。为维护家族的生意，他们只卖阉割了的猫种，并且以这种方式经营了几个世纪。类似的例子在本书中还有很多，即使一些土生土长的本地人看到书中的一些例子也会感到惊奇。就汉学而言，我请求宽容，我对中国名物的翻译并不总是一致，我确实在汉语上不想显摆有学问。

最后，我要感谢中国的政府部门对我的工作没有进行任何干预，也希望读者在阅读过程中感受到我对中华文明的敬仰。我写作本书的目的是为了研究而非批评，我这样说是希望我在中国的工作可以延续，以使西方更加了解古老的中国。

鲁道夫·P. 霍梅尔

宾夕法尼亚州，里奇兰敦

1937年5月25日

目录

下册

第三章　制衣工具

第一章

基本工具

本书试图从工具使用的角度来展示人类文明史。人类利用工具同自然抗争，并从中取得日常所需，工具是人类做任何事情的手段。蛮荒时期，原始人用棍子来防御，用石块破开坚果，当他们这样做的时候，就制造出最初的工具。史前人类逐渐开始对石块进行修整（制成利刃面或合适的形状）用于切割或打制其他工具。很久以前，为了满足某些以物易物的需要，必须制造出基本工具再用其来制造其他器具。

这要找到适于制造工具的石料，从岩石中开采，通过打制成形，某些形状经磨砺会更合用。再后来，人们利用青铜制造工具。开掘铜矿，取得铜原料，利用多种工具，经过若干工序，最后制成青铜工具。人类文明开启，进入铁器时代，铁成为制造各种工具的基础，如今我们很少意识到，铁也是所有发展的主导材料。因而，在描述那些有特定用途的工具之前，我们先讨论那些用来制造器具的基本工具。按照获取原料、初始准备和完成的顺序，我们先从开矿、岩石爆破和采石谈起。这样的顺序不仅适用于开铜、铁矿，挖煤和开采建筑石料也如此。

中国汉代的淮南王刘安（汉高祖刘邦之孙，卒于公元前122年）在《淮南子》中第一次提到煤，将其称作"冰炭"，后来也称作"土炭"或"石炭"。如果记载准确的话，古罗马作家在公元前2世纪也曾对不纯的煤做过记载。[1] 由此，我们可以推断中国和欧洲几乎在同一时期发现了煤。马可波罗注意到煤在中国的使用，他所描述的方式使我们有理由相信，煤对他和他的同时代人来说还是完全陌生的。马可波罗写道："契丹全境之中，有一种黑石，采自山中，如同脉络，燃烧与薪无异。其火候且较薪为优，盖若夜间燃火，次晨不熄。其质优良，致使全境不燃他物。所产木材固多，然不燃烧。盖石之火力足，而其价亦贱于木也。"[2]

---

[1] 引自W. F. 科林斯：《中国百科全书》，上海，1917年。——原注（以下注释如无特殊说明均为原注）
[2] 译文参考冯承钧：《马可波罗行纪》，第255页，上海世纪出版集团·上海书店出版社，2001年第1版。——译注

英国是欧洲大陆第一个大量使用煤的国家。1833年，在豪塞斯特兹（Housesteads）的一处罗马地窖发现堆满了石煤。几年前在本韦尔（Benwell）修建水库时，施工者发现了一个罗马时代的煤坑。[1]早在825年，盎格鲁-撒克逊（Anglo-Saxon）时期，一些地区的家庭就已在用煤。煤的使用可以追溯到石器时代，在一些古老的英国煤矿中都曾发现过石制工具，由此我们可以推断煤先于铁被人们所熟知和利用[2]。

我们有理由认为，石制工具的发现可以被当作使用者生活在石器时代的初步证据。然而对于中国的情况，做这样的推测时必须谨慎。陶器是我们最先进行的专门调查之一，在浙江省的一个山区，我们看到当地的陶匠做陶器时不用陶车。当然，如果从这一情况就轻易得出中国人不了解陶车的推论，那就是极大的错误。这仅仅是事例之一，表明由于封闭和缺乏与外界交流造成的严重保守情况。再举一个类似的例子，我们最近调查所见的中国人原始榨油机中的震锤是石头的，要知道，如今距石器时代已有三千年之久。

从以下对中国采煤业的介绍可以发现，中国人采煤的方法原始而落后。因此，他们能从深度达100～150英尺的地下发现煤，实在令人惊讶。不过，由于煤矿开竖井的方式与挖水井的方式非常相似，因此在寻找水源时，中国人会掘开松软的沙石表土，偶然发现煤。实际上，此前他们已从地面的煤层露头中知道了煤。

[1] 本资料承蒙不列颠博物馆的史密斯先生和艾斯丘提供。
[2] 见加洛维：《采煤编年史》，第3页，1898年。

采煤

　　当我在江西赣江的丰城调查时，听说距该城西北大约20里一个叫坑塘的村子有人采煤，用的是中国传统的方法，我们步行了两小时去那里考察。外来矿工在那里租地，先定好契约，权益明确后开始打井。竖井的直径约5英尺，四周用竹编席围挡。煤层距地面有100～150英尺。竖井上支着井架，装有绞车，样子很像图172中水井用的辘轳。井架和旁边搭有茅草屋，用于看井或有时方便矿工住。

　　图1是我们考察的一个煤矿的外景，左边是一个半木结构的大房子，墙上抹有灰泥，在竖井旁边建有一些草房。图2的井口上支着一个井架。两名工人同时在绞车的两端转动曲柄，绞车轴上的绳子缠绕的方向相反：一个空筐子徐徐落下，同时提上一个装煤筐。矿工下井也要站在筐子里，一次下一个人，要紧握住绳子。图中绞车上的曲柄显示不太清楚，它们只能说是近似"曲柄"（或说原始曲柄）。靠近绞车轴的端头斜插着一根木头，利用弯曲的粗树枝做成。从图3的草图可以看清楚"曲柄"的样子。

图1　中国的煤矿

江西丰城乡下的一个煤矿，矿工的茅草屋建在竖井旁边，图中左边可见一个半木结构的大房子。

图2 矿用绞车

绞车的大轴上绕着两股绳子，一股缠紧，一股松开。用力转动曲柄，缠紧的那股绳子从煤井提起盛煤筐，而松开的那股绳子把空筐放下去。

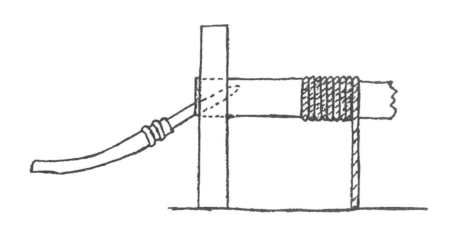

图3 矿用绞车上的"曲柄"

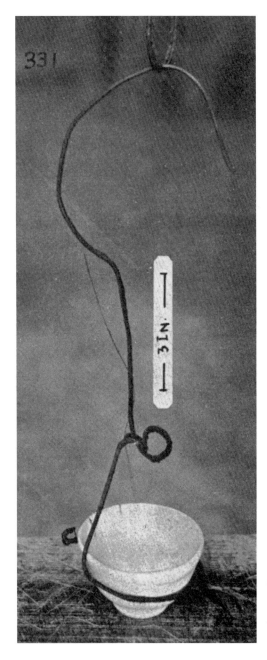

图4
矿工用灯
灯碗上的铁丝做成钩状，容易钩
在巷道墙上。每个矿工都带一盏
这样的灯，灯油用菜籽油。

　　矿工用的灯（图4）可称是一个简单发明。一根铁丝弯成一个环，上面搁一个小瓷碗。与之相连的另一根铁丝弯成钩状，一盏灯由此做成。这样一盏灯在采煤时很容易挂在巷道墙上的小洞里。灯油用的是菜籽油，每个矿工下井都得带上一个盛满灯油

图5
矿工用水筐
这种筐子带油布衬里，
用于从井下排水。

的竹筒和一些灯芯草作灯芯。点火是用打火石和铁。矿工在井下干活一次约3小时，他们带有一根可以燃3小时的香来计时间，中国人管它叫"表"。在一些瓦斯较大，容易起火的矿井，矿工不敢用明火，便用朽木或一种燃起来没有火花的树脂来代替。一天中矿工要下两次井，每次干活2~3小时，上到地面休息9小时再下井。每个轮班都是由两个成年人和一个童工一起干活。

图5为排水用的带油布衬里的筐子。没有油布衬里的筐子用来运送挖出的土和煤，图6中左边的筐子和图7中的筐子是用来运煤的。由于采掘面很低，以致矿工得躺着干活。从图中可见，这种筐子也相应做得矮。为提升绞车用的两个大筐（一个升一个降），要把它们拴在绞车的绳子上，或用钩子挂住（见图8）。如前所述，两个人摇动绞车提起装煤筐，同时放下一个空筐。当煤筐到达地面时，有两个搬运工将煤筐用一根竿子抬到旁边的煤堆（见图9）。在这根竿子中间绑有一条绳子，松的一头拴有一根竹棍。将竹棍穿过筐子的两个提手，而后一个搬运工用手抓紧竹棍和绳子向上提，接着这两个工人一起挑起竿子把煤筐抬走。这个工具非常简单，抬起和放下筐子都靠那根竹棍。

矿工用的工具种类要比我们想象的多。他们用来砸大块石头的大锤（见图10），

图6 矿工用筐子
左边的筐子用手推或拉，将煤从采掘面通过巷道运到竖井，在那里倒进绞车用的大筐（见右），再运至地面。

图7 矿工挖煤用的筐子
作用跟图6中左边的筐子一样。

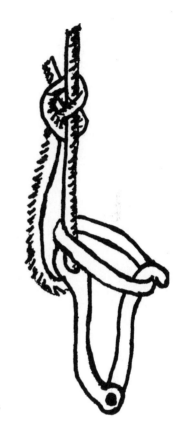

图8
煤矿绞车绳上的挂钩
借助这一装置把装煤筐从
井下提升到地面。

锤头约有10英寸长。他们挖竖井是用镐头（见图11），而不用铲或锹。挖井时，筐子放在旁边，用来装刨松的土块和碎土。丰城乡下的煤井出产优质的无烟煤，是用尖锤从硬煤层中开出来的。当井下的空间可施展带手柄的尖锤时，这一工具（见图12）就用得上。一个矿工握住尖锤的柄，另一个矿工用大锤（见图13）打尖锤的平头。在低矮的采掘面，矿工得躺下干活，这时就用不安手柄的尖锤（见图14）。一只手拿尖锤，另一只手用手锤（见图15）打尖锤。手锤是一个厚铁盘，直径约4英寸，中间穿一个木把。用这种方式敲下来的煤块要用手托起来，放入一个浅筐，顺着巷道拖到竖井，倒入大筐后被运至地面。

图9　井口用来运煤筐的竿子

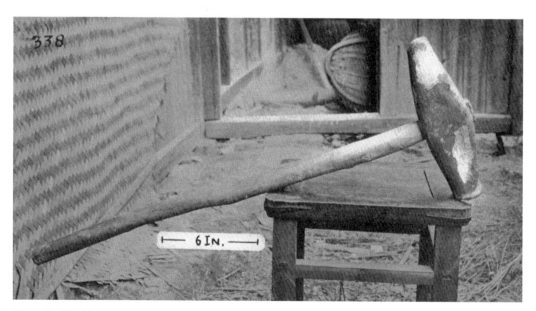

图10　矿工用大锤

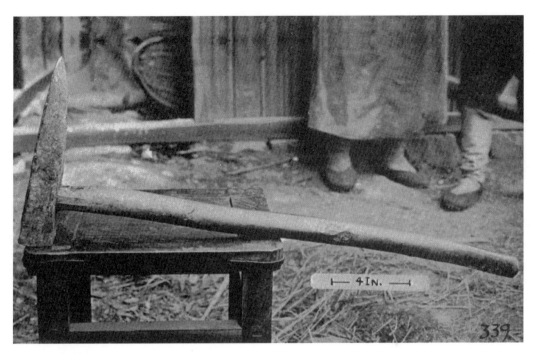

图11　矿工用镐头
单尖镐，镐头底部是平的，用来挖掘和扩大立井。

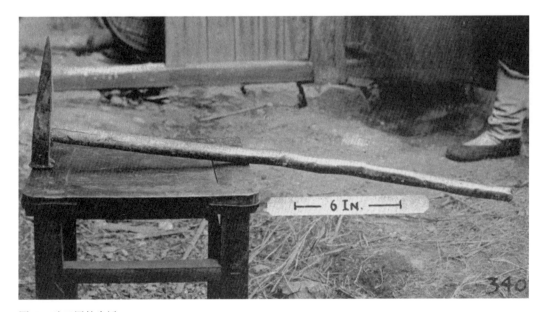

图12　矿工用的尖锤
当井下空间能施展尖锤时，一个矿工手拿尖锤放在硬煤层上，另一个矿工用长柄铁锤（见图13）打尖锤的平底，尖锤头可把煤层劈开。

图13 矿工用长柄铁锤

一个矿工手握尖锤柄（图12）对准煤层，另一个矿工用长柄铁锤打尖锤的平底。

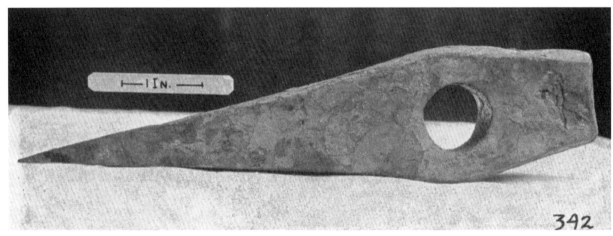

图14 矿工用手持尖锤

左手握住尖锤把尖头对准煤层，右手用厚圆饼状手锤（见图15）打尖锤的平头，多用在狭小的采煤面。

图15　矿工用手锤

一个厚铁盘，中间穿一根木柄，与图14的尖锤配合使用，用于开硬煤层。

采煤用绳索

　　运煤要用绞车，矿工下井、上井都靠绞车，因而绞车上的绳索必须结实。所用的绳索由三股竹绳拧成。毫无疑问，中国人由经验知道绳索的使用有限度，可用期一般在10～15天。图1中远处的村庄在制作绞车用的绳索，图16和图17拍下了制绳的方式。先将细长的竹绳缠在一个像麻纺车（见图248）的轮子上，而后将三根绳子分别系在图17中的钩子上，这些绳子的另一头系在像雪橇式的有两个立柱的木架（见图16）的钩子上，摇动木架上的曲柄，就可以将这三条竹绳制成绳索。三个带钩子的曲柄和木架上的曲柄，是制绳机的两个部分。见图16的绳墩子（搁在平板上），有三个放射状的沟槽，制绳时，两个工匠（一人一手）拿着墩子的木把，靠近制绳机的木架（见图16），让三根绳子穿过墩子上的沟槽。制绳过程中，工匠随着拧紧了的绳子向后退，直到这三根绳子拧成坚实的一股。制绳机另一头的装置（见图17）架在打入地面的两根柱子上，在制绳过程中，一个工匠借助木棒（上面松松地穿过曲柄，末端弯成钩子状）很快地转动这三个钩子。通过不断转动，细绳拧成粗绳，长度也在缩短，因而拖动放在地上的雪橇式木架，有一个工匠站在木架上压重，并转动木架上的那个曲柄。遗憾的是，照片上曲柄的铁质颜色与黑墙的背景相近，没办法显出曲柄形状。雪橇式木架上有两根斜柱，在木架被拖动时起支撑作用。在两个立柱之间有两个横梁，上面的横梁中间有开孔，插入上面说的单根曲柄和它连接的钩子（图上未显出，与图17的钩子相似），三根绳子并成一头系在这个钩子上，在拧绳中被拧成一股。在制绳操作中，从木架横梁的后面可以很清楚地看到拧紧的绳子在摆动。如果贴近照片，可以辨认出铁质曲柄向下延伸的部分和它的木把，木架板子上搁的是绳墩子。

图16　矿用制绳机的一部分

一根铁棍弯成曲柄（图片中显示不清楚），下端有一个木把，上端穿入木架上的横梁。制绳墩子搁在木架的平板上。

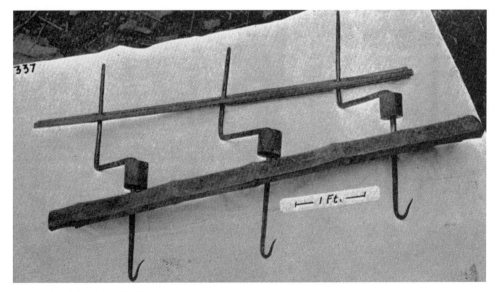

图17　矿用制绳机的一部分

图中显示分拆的转动装置（属于制绳机）。三个带钩子的小曲柄连在一起，工匠操作上面的木棒，能使三个小曲柄同时转动。

采石

在江西省牯岭及周边地区，工匠们为了获得建筑石料，大量使用火药进行爆破。以这种简单的方式作业，我们会认为它出自本土，并非从外国传入。

发明火药的殊荣归于中国。据史书记载，魏国（220—265）已有"爆竹"，隋炀帝（605—617年在位）时在焰火中添加火药，虽然尚不知当时是否用于火器，但有需求的倾向推动了火药研制。有记载，宋朝将领虞允文在采石之战（采石位于安徽马鞍山市西南）中用到"霹雳炮"，这是一种由石灰和硫黄混合而成用纸筒封装的火器，一遇到水就会炸开，火在水面上迅速蔓延，同时浓烟滚滚，有力地帮助战胜敌军。约在同一时期，宋朝的另一名将领魏胜使用了一种"火石炮"，它可以把火石抛射到很远的距离。中国的史学家明确地记载了火药的成分，是由硝石、硫和木炭混合成的。后来阿拉伯商人把中国火药的秘方带到了西亚，使火药逐渐发展成为炸弹，在战争中广泛使用。相比之下，黑火药还有另一个重要作用，这就是爆破作业，但中国史官对这一点几无笔墨，就同对早期的商贸活动多避而不谈一样。

再把话题引回到江西采用的爆破方式。爆破作业先要在岩石上打出孔，而后用火药填满，最后点燃导火索。作业中用的钻或凿子都是1～2英尺长的铁棒，上面带有套管。铁棒前端的凿口扁平，后端是圆形，是工匠锻造时用锤子打成这种形状的，同时把前端打出凿角。图18的中间，是一个有套管的凿子，凿子的下边则是一个光杆。套管两头开口，一头接凿子，一头接木把。木把的上面套有两个牛皮环，起保护作用。使用凿子时，左手拿木把，右手拿一个短把的铁锤击打。击打会使木把变粗，而牛皮环可以起到很好的保护作用，减少了木头的磨损。工匠打孔时要不断转动凿子，使凿子不被卡住，打到标记的尺寸时，便用湿泥在钻孔周围砌成一小圈墙，并往孔里灌水。然后，继续打孔，直到深度达到1～1.5英尺左右。要不断往孔里灌水，使水面一直保持与洞孔口齐平。打孔可以从几个作业面进行，大多数情况都是与岩石面垂直向下打，也有从侧面斜向下打的，这些都是为了使水不从孔中流出。如果孔是斜的，要想存住水的话，泥墙只围着较低的一面砌。灌了足够的水，洞孔里的碎石屑和水会混在一起，容易连带着一起从孔里抽出来。用于抽水的工具是一个细竹管，两端开口，使用时用拇指堵住上端，把下端插入孔内，利用拇指操作，混合的泥水顺着管子抽上来。最后，当洞里大部分的水被抽出来后，工匠还要再把竹管插进去，用嘴把剩余的水吸出来，水虽被抽光，但洞里仍是湿的，再用竹管把带毛糙散头的干绳放进洞里，吸掉湿气并弄干洞里。

经过上述步骤，便可以填装火药了。在江西牯岭地区，当地制的火药多是不成形的团块，工匠常放在一个锡罐子里保存。

填火药要用到一根粗铁丝，2英尺2.5英寸长，0.0625英寸粗，工匠拿着铁丝的环形端把它插进洞里，再把火药顺着铁丝倒进去，填到大约2英寸高。接下来用一根长铁棒（见图18，在铁针的上方）把火药捣实，再把一些碎石粉（先前打孔形成的）倒到洞中封口。这时铁丝还留在里面，要小心地把它抽出来。工匠拿一个凿子从铁丝的环形中穿过，用一把小锤子顺着铁丝向上轻轻敲凿子，铁丝慢慢地抽出，留下一个光滑的炮眼，通到下面的火药。做导火索的方法是，用报纸撕成半英寸宽的窄条，把火药卷成细卷，然后把它插入打成的炮眼中。引爆时，工人把露在外面的一端导火索

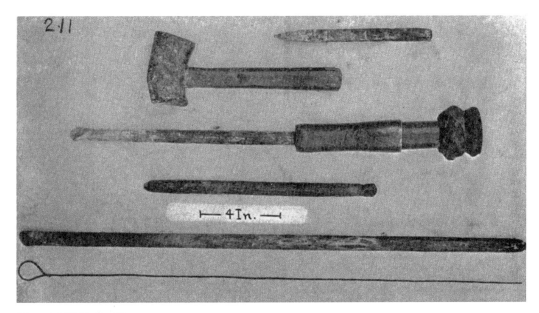

图18　开石打孔的工具
凿锤和带套管的凿子，有四种不同的凿子可换用。图下方是做炮眼的铁丝。

点燃，随后跑开躲避。几秒钟后，爆炸声响，岩石炸开。一般说来，发生哑炮的情况很少。

图18摄于江西牯岭，其中的凿锤，头部是一个方形铁块，由于长期不断击打，有一面磨损得很厉害。照片中有四根凿子，它们一般与套管接在一起用。靠在凿锤上面的那根凿子用来开石料，底部有点像方形，从中间开始逐渐收细，前端成尖头。照片中间是带套管的凿子，长21英寸，套管长9.5英寸，木把直径1.5英寸。原来木把差不多与套管一般粗，为了套牛皮环，木把的末端会做得稍细一些。套环的时候要浸湿木把，干后会与木头贴得很紧。

用套管接凿子和用牛皮环护木把，说来都很有趣。凿子是靠摩擦固定在套管上的，所以当凿头用钝了，用锤子敲打套管便容易把凿子卸下来。说到牛皮环，用它保护木把的作用非常好。木匠有时也会用铁或铜箍套保护木把，但与皮环的效果比还是差了些。

除了上面说的工具，开石料还用到大锤和铁锹。大锤的锤头呈椭圆形，长柄，用有弹性的树干制成，便于使用。工人抡大锤时，左手抓得靠后，右手靠前，这样抡起锤来可以使上劲。对付不成形的大石头或有缝的裂石，会用到这种大锤。铁锹在开石中起着杠杆的作用，其他很多场合也用。我觉得铁锹不像是本地的发明，很可能是外国传来的。

据记载，罗马人利用石灰和水混合产生的能量来开采大石头，或用火烤热石头再浇一通凉水，也能把石头炸开。我们无法确知中国人最早采用了哪一种方法。从中国古代使用火器的经验中，推断使用石灰的可能性很大。我们往往容易忽视这样的事实，即古人凭借简单的工具和巨大的劳动创造了杰出成就。在考察古代寺庙遗迹时，我常常发现铺砌的石板边缘齐整。这提供了一个线索，可以了解石板是如何从岩石上开出的。其过程大致如下（这很可能是一种古老而常用的采石法）：先在岩石上画出直线，按直线布点，点上的洞为长方形，长约1.5英寸，宽1英寸，深2英寸；洞之间的距离为2.5英寸。每个洞中先放两个楔子，再在中间插第三个楔子，轻敲进去。工匠依次敲击排成一线的木楔，石块就会沿这条线裂开，由此形成石板块，边缘带着约2.5英寸的矩形切口。仿照这种做法，有时开出更大尺寸的石块，且处理得平整，磨掉了开采标记。我们站在遗迹面前，不由得对中国人表示叹服，正是从这些遗存中，使我们有可能去探寻中国人的采石之路。

我们把注意力再转回爆破打孔抽水用的竹管上。欧洲有一种叫作"盗管"（thief-tube）的工具，也用到同样的原理。"盗管"是一个金属管子，通常顶部有一个把，使用时把它插入木桶上部的孔并堵住管子上端，这样就可以抽出桶中的液体。在中国，抽水管还有进一步的发展，用于从贮存雨水的大陶缸里抽取沉淀物。为此目的，管子就要放在院子里备用。这种管子长3.5英尺，直径为2.5英寸，上端封住，靠近封口一侧开有约0.1875英寸宽的小口。抽取沉积物时，人们先用食指紧堵住小口，然后把管子放入大缸中，直到管子接触到沉积物为止；这时把食指移开，原被堵住的空气便从小口泄出，由于虹吸原理的作用，沉积物便会同时被吸入竹管；当管子近乎填满时，再一次把小口堵上，取出竹管；最后打开小口，使管子里的沉积物流出。通过这种方式，沉积物可以干净而彻底地被清理掉，不会污染陶器中贮存的液体。

我曾听人说起，在青岛东北部的崂山，为建筑之用要把花岗石破成石板，所用的就是打木楔的原始方法。他们先把木楔敲进事先凿好的洞孔中，再用水泡，让木楔发胀，使石头裂开。这已是很多年前的事了。过去的30年，青岛这座城市一直从崂山采石，但采石的方法已经改变。我曾在崂山待过一段时间，发现当地人在用钢楔子破石，已不是我先前听说的木楔了。他们先用钢凿（见图19）打出一排方洞孔，再把钢楔子插入洞里，沿着线依次敲击这些钢楔子，直到石头沿着这排洞裂开。用这种方式采石，爆破炸药就用不上了。

在修整石块中，不论是打掉凸出的部分，还是把石块再破开，都要用到一个长锤（见图20），就尺寸和锤头看，它的细长柄显得很特别。采石匠用长锤时，双手握住柄后部，把锤举过头顶抡起来，在空中画圆，形成很大的力量打到石头上。锤头接柄的孔呈圆锥形，细长柄有弹性，有锤头的一端稍粗，用楔子固定。长锤大约长30英寸。图19和图20是在青岛附近的崂山拍摄的。

图19　开石料的钢凿、钢楔子和凿锤

图20　采石匠的长锤

制铁

在中国，有一个异常的事实令人吃惊，即铸造工艺先于锻造工艺而得到充分发展。从中国的冶金技术看，这似乎有其合理性。商周时代，中国人铸造了大量精美的铜器，而铁取代青铜出现，自然会沿用青铜的铸造工艺。炼铁的困难在于要产生持续的高温，风箱由于其构造简单和令人惊叹的工效，成为铁匠的得力助手。有确切的事实表明，早在公元纪年的头几个世纪，中国的铸造工艺已经高度发展，铸造的器物在数量上远胜于锻造的器物。这种情况下，误使当代某些作家在写到锻造工艺时，对中国古代的成果带上贬低色彩。事实上，历史上的经济状况限制了铸造工艺的应用，唯有通过深入的研究才能发现，中国人在制钢剑和锻铁方面已具有相当高的技艺。如果我们深入研究那些刀剑和锻铁器物，以及那些用到这些器物的领域，那就必须承认中国古代的技艺绝不容轻视。

5世纪时，玻璃在中国渐为人所知，并被归为玉石一类。以玻璃瓶为例，并非用吹制法制作，而是把熔融的玻璃冷却了处理。先在中间钻好洞，再把里面掏空，而后处理表面做装饰。中国钻具也常用于铸铁器物开孔，反而锉刀派不上用场。西方人面对中国精美的玉雕艺术品惊叹不已，要知道有些名贵玉石比钢还硬。热带良木在中国稀缺，常被做成奢华家具，上面雕刻的图案精致繁缛。在做出这些精巧华丽的工艺品的背后，只是几件简单的工具，一切皆出自中国工匠的才智和巧手。

限于本国贸易以及缺乏与西方的便捷交流，被认为是影响中国近代发展的因素之一。从中国史学家的记载可以了解到，公元纪年前后几个世纪，中国中原等地区的制铁和铁器贸易十分兴盛。后来制铁中心转移，如中国西部的太原府（今山西省省会太原市），一度以刀剑制造闻名，马可波罗（总体上他不太关注技术细节）在他的书中说："这里是主要的工业和贸易聚集地，大量制造帝国军队所需的装备。"直到19世纪中期，在太原还有制造枪炮等军备的国家兵工厂。约在公元前5世纪成书的《周礼·考工记》写道："郑之刀，宋之斤，鲁之削，吴越之剑，迁乎其地而弗能为良，地气然也。"中国铁器的盛名很早便传到海外，罗马著名学者老普林尼写道：罗马市场上最好的铁器来自中国，毫无疑问中国的丝绸也称誉世界。

铁匠铺

图21摄自江西牯岭附近，是一个铁匠铺的内景。炉床用砖块和黏土粗糙地砌成，上面没有出烟的烟罩，煤堆的旁边是风箱，连着陶管（图中未显示），以把风引到炉膛。木头风箱外面涂了泥以防着火。炉台上放着钳子、锤子等工具。火上面有铁锅煮着饭。火上也放三脚的铁锅，或用钩子吊着一个罐子煮汤。鞋子放在炉台上烘烤。风箱上有一个陶罐，盛有淬火用的水。在炉床前有几个老树墩子，位于照片前景的墩子的边上钉着一个"∏"形钉，它所形成的长条狭口是要插铁剪（见图25）的短臂的，以这种方式使用铁剪时，铁匠一手拿铁皮，另一只手用手柄能使上大劲。在炉台的布鞋旁有一个老式水烟袋，抽水烟可以使铁匠提神，一番大干后，铁匠总要歇一下，抽几口。图片中左边有几个长柄锤。墙上的架子上挂着一些做好的铁器，是准备卖的，旁边还有一些零碎东西。

中国铁匠的本事很大，几乎可以打造任何铁器，从小铁钉到大船锚，种类不等。他们擅长铸造、熔焊、铜焊、生铁炼钢，以及为铁刀具加钢刃。铁匠最有效的工具是风箱，省力而风力足。如今铁匠所用的原料，很大程度上得依赖国外进口。有些地区，铁匠用当地的铁矿石炼铁，再买一些生铁添上，通过脱碳工艺制成熟铁。

根据当地的需求或某些行业优势，铁匠也有分工或强项。调查中我们发现，有的地方造船业繁荣，盛行打铁锚；在瓷都景德镇，铁匠多做处理陶坯的削刀；在浙江龙川，数百年间，当地长于制剑，工匠有绝活；在安徽芜湖，工匠擅做剪子、钳子、铁箍、剃刀等小器物。

在中国传统的经济活动中，铁匠行业显得非常重要。首先，铁匠为各种商贸制作了大量的铁器。事实上，几乎所有人都会用到铁匠做的一到几种器物。如铁匠做的农具：镢头、锄头、锨、耙子、镰刀、犁铧、铡刀、车轮上的铁箍，等等；铁匠做的厨具：菜刀、铁锅、铲子、勺子、钩子、柴刀、炉门等；家庭用具方面，也受惠于铁匠多多，如钉子、扒子、搭钩、门锁、门环、折页、烛台、灯台，还有鼠夹子、剪子、刀子、锥子、锉子、暖炉，等等。

图21 铁匠铺

图22 铁匠的铁砧

铁匠铺和铁剪的照片摄于江西牯岭山下的沙河。

中国有专门造铁砧的作坊，铸成铁砧，浑然一体。图22是中国铁匠使用的一个铁砧样品。中国有一些发明，如通过表面淬火（一种渗碳处理工艺），用普通铸铁可得到优质钢。我所见到许多在用的铁砧，经受了无数的锤击，仍显得坚实稳重，我想它们不会是一般的铸铁，可能是由某种工艺铸造的。在形状和用途上，中国的铁砧与西方的相似，顶部有一个主工作面，再低一些位置，两头有伸出侧看如鸟嘴形的工作面。在上海，我注意到有的铁砧有插模子孔，但好像没有多大用处。

铁砧安有一个树干底座，整体放在铁匠铺的地面上。从地面到铁砧的顶面高约为26英寸。树干底座上部有一个凹形窝，可以放入铁砧的方底，贴着铁砧的两个立面在树干中楔入几个长钉，以夹住铁砧，保持稳固。图22中的铁砧，如果转过来看，也是这个形状。铁砧的顶部呈方形，边长5英寸。两边伸出的部分各长4英寸，如此铁砧总长为13英寸。伸出部分的表面也是方形，边长4英寸。在铁砧的立面上铸有铁砧制造商的浮起标记。

图22摄于上海老城。

铁匠工具

有关铁匠用的工具我只拍了几件，但其中有一样非常有特色。它就是图23中上方的抢刀（或称抢子），看起来像一把带轮辐的刮刀。在铁棒的两端装有木把手，铁尖穿过把手，多出的部分被敲弯贴紧木头。铁棒中加厚的部分开有矩形槽口，插着窄条的钢刀，用铁楔子固定。图中钢刀伸出较短的部分末端是刃口。照片是以与水平大约成60度拍的。这个钢刀长约6.5英寸，宽0.625英寸。使用抢刀时，双手握住木把，用力把抢刀往前推。有时要抢的器物放在一个矮凳上，用夹具夹住，楔子固定；有时也用绳子挂住器物，再用脚踩紧绳子。这些发明相当于西方的老虎钳，发挥了重要的作用，不仅在铁匠铺是这样，在其他行业中也如此。锻打成的大件铁器，多数表面都有鳞皮（氧化铁皮），这就需要用抢刀处理。抢刀从两个把手测量长为20英寸，中间槽口平宽为1英寸，厚为0.5英寸。木把手长3.5英寸，直径1.25英寸。

图23还有铁匠用的两把火钳，这也是常用工具，它们由锻打而成，与西方所用的相似。一件长20英寸，另一件长16英寸。这些火钳的把手都差不多，只是在钳口上有区别，有的扁平，有的长而带尖，还有的呈鼓形，适合夹圆形器件。总而言之，不论哪种形状的火钳，都是为了方便从炉火中夹住所要锻造的器件。该照片摄于上海老城。

锉刀也是铁匠铺常用的工具，它们一般又长又重，两头都有柄脚，一头装木柄，另一头是一个带金属套的木导杆（图中未出现），像柄把但比柄把长得多，作用也不相同。在工作台上，用一个带环的大销钉套在导杆上（见图57），便于锉刀来回移动。用锉刀时，左手拿住工件，右手握住木柄，锉刀的前端通过环套来回移动，借助了杠杆作用，便于操作。

一般锉刀的四个面都有锉牙，是交错成的小尖。制作锉牙，先要在刀身从头到尾刻满一组平行的锉牙，而后再刻满一组与先前相交的锉牙。图24展示的锉刀没带导杆，锉刀与木把共长21.5英寸，若加上导杆，还要多出16英寸长。锉刀中间部分宽1英寸，厚0.5英寸。锉刀很重，要是没有灵巧的支撑便不容易使用。前面说的抢刀可

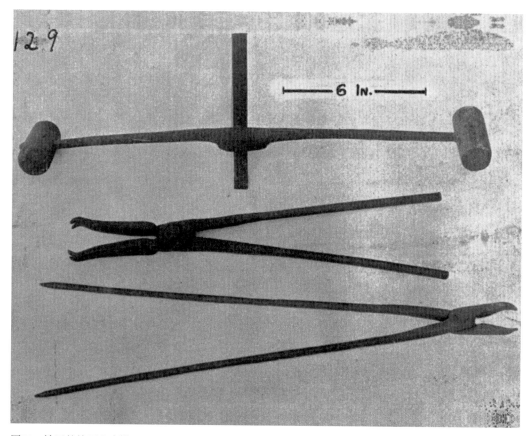

图23　铁匠的抢刀和火钳

用来把较大的物件表面磨光，而要把一些小巧、圆形的器件磨光，就得用这种笨拙的锉刀。在西方，我们都是用老虎钳夹器件，再拿锉刀对器件进行打磨，而中国人把这个过程倒了过来，让锉刀处于半固定的状态，用手持器件相对锉刀打磨。

　　图24中有一个在上海铁匠铺里见到的圆规。这使我们不禁有疑问，那些偏远地区的工匠在裁剪圆形物件时，会不用他们的才智而用这样的圆规画一个数学上精确的圆吗？不，那些工匠凭借眼睛，依靠禀赋，也能画出十分漂亮、富有生机的图案，而这种美绝不能被所谓数学上的精确所取代。这些乡下工匠一个个都是创造者，而非现代工业主义的奴隶。看到他们的手艺绝活是一种荣幸。没有经过训练的眼睛，是不能当尺子、模板、计量器、测径器和圆规来用的。图24的照片是在上海老城拍摄的。

　　图25的铁剪是剪铁皮用的，带有钢刀口，借杠杆作用增大作用力。没有柄的短臂

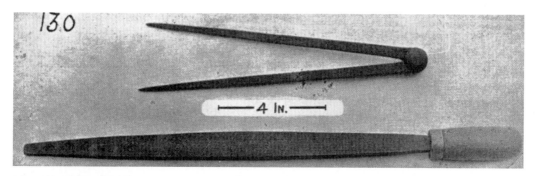

图24　铁匠的锉刀和圆规

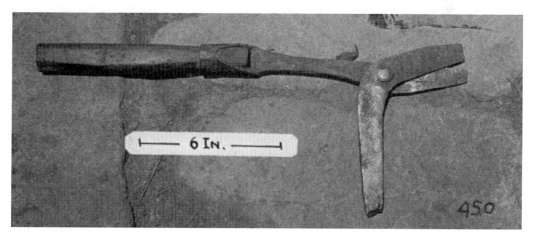

图25　铁匠的铁剪

插入钉在木砧板上的"Π"形钉所形成的狭口里（在图21的前景可见）。剪铁皮时，铁匠在"Π"形钉边用左手拿住铁皮，右手握住铁剪的手柄向远离他身体的方向用劲推。"Π"形钉使插在狭口的铁剪短臂不能横向移动，因而实现剪切。

风箱

　　许多情况下，世界上许多不同的民族和部落面对生产和生活的基本需求，都会做出相同的发明或采用类似的方式解决，对此我们深信不疑。然而，在中国进行发明调查时，我们却不时会惊奇地发现，中国人总能以他们独特的方式来解决某些重要问题。在中国传统工具中，风箱就是一个杰出的例子。在现代机器应用之前，风箱以其新颖和高效的特点超过任何其他的空气泵。

　　从构造上看，风箱外形是一个长方形的木盒子（见图26），内部由隔板分隔成两部分。隔板可以在风箱中前后移动，通过穿过箱体的木棍与手柄相接。手柄与两根木棍垂直连接固定，木棍长度一致、上下平行。当手柄把隔板从风箱这头推到另一头（反之亦然），每一行程中两个隔间的体积都会改变——一部分变小，而另一部分相对变大。故西方人叫中国风箱为"双动活塞风箱"。

　　风箱两头各有一个进气（阀）门，从图26中可见，在手柄那侧箱体外的下方有一个进气口，装着横木条。在风箱内侧靠近这个进气口的上面，挂有一个带轴的活门，方形进气口用两根横木条挡着，以防老鼠钻进去。我们很容易解释，也好明白风箱的工作原理：当推手柄时（即隔板被推进），这边的活门打开，空气进入；当拉手柄时，这边的活门则关闭[1]。从图中还可看见，在风箱底部侧面有一个伸出的圆形风嘴，就从这里鼓出风。为了使气流通过风嘴，在风箱里靠风嘴的一边有一个长夹板，在夹板中间安有一块木板，把空间分成两个相等的部分，这就形成了两个风道，是两个长方形的截面。风道一端都通向风嘴，另一端通向风箱的空气室。图27绘制了风箱底部的纵截面图和风嘴的横截面图，也显示出风门。起活塞作用的滑动隔板与风箱内壁的密封一般是用鸡毛做成。

　　图28是拆去盖子见到的风箱，显示出滑动隔板上起气封作用的鸡毛。有时也用折

---

[1] 原文描述了靠近操作者的活门，实际风箱使用中两个活门都起作用。当拉手柄时，空气从远处的活门吸进来；当推手柄时，空气则从近处的活门吸进来。——译注

图26　中国风箱

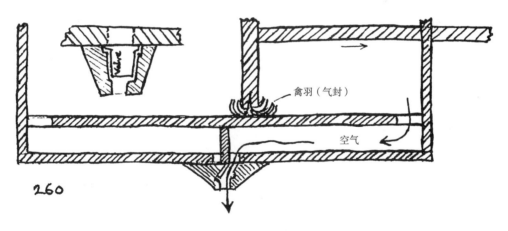

图27　中国风箱的纵截面图

叠的软宣纸做气封材料，同样能达到鸡毛的效果。风箱还有一个重要特点，在于它底部的风门（图27中左上图示）。风门安在风嘴处，可左右摆动，它在一侧风道出风时会关住另一侧风道，反之亦然。图27描绘了当手柄向外拉动时，风门的位置以及气流的方向"如箭头所示"，气流经由下端右侧风道吹出。一旦手柄的移动方向改变，风门也随即改向，左侧风道打开，右侧风道关闭。

图28　中国风箱内部

图29　中国风箱（样品）

　　一般风箱只有一个风嘴。也有例外，图26中的风箱两边各有一个风嘴，不过，这两个并不同时使用。风门是一个矩形的薄木片，上下有支轴，结构像中国的房门。风箱工作时，风门会随手柄的推拉左右摆动，一侧风道出风时，另一侧风道关住。风箱的推拉是连续的。照片摄于安徽三河。

　　图29是一个风箱样品，其底侧的木头风嘴已拆除，因而清楚地显出风门的构造，此时风门正处在中间位置。风箱通过手柄来回推拉获得连续鼓风，在此过程中风门左摆或右摆，打开或关住一侧的风道。

　　日本也有风箱，先前我错误地以为与中国的风箱相似，其实它的设计与中国风箱的鼓风原理完全不同。由手柄推动的活塞是一块矩形的木板，带有皮子做的活门，所用皮子以狐狸皮为上乘。拉动活塞时活门打开，空气进入气室；推动活塞时活门关闭，空气从一个小口排出。因而日本风箱在效能上仅是中国风箱的一半，后者不论推或拉，整个过程都在连续地鼓风。图29的风箱是江西牯岭的一个木匠在1924年夏天做成的，送往美国宾夕法尼亚州道尔斯敦的莫瑟博物馆陈列。

金属薄片应用

　　在中国，金属薄片的作用说来微不足道。制作薄片的唯一方法是利用砧板敲打成形，金属薄片的用途也很有限。通常，老城的城门上会覆盖一层铁板，每小块铁板的面积为4英寸×6英寸。在中国，从来没有大量生产过铁皮，更别提用它制造什么有用的器物。镀锡铁皮的制作也不为人所知。中国人使用铁皮为何如此之少，经分析发现有多方面原因，最重要的原因是，铸铁之术早就达到炉火纯青的地步，很可能影响铁皮制作。另一个原因是，冶铁为国家掌控，赋税甚重。这迫使农民宁愿使用木制农具，而少用或不用被课税的铁农具，由此阻碍了铁器的广泛应用。再有，红铜、黄

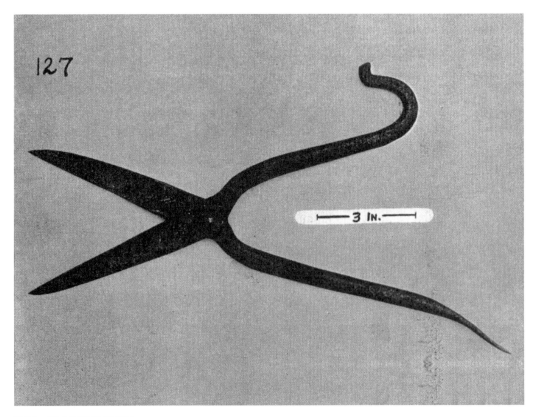

图30　剪金属薄片的剪刀

铜、银的制作工艺成熟，这些金属容易锤打成薄片。这也在无形中抑制了铁皮的加工和使用。[1]

在中国，剪切金属薄片要用到图30中的剪子。使用它时，右手握住末端弯曲的柄，另一手柄放在要剪的金属片上，顺着剪的线向前移动。剪子的两部分用铆钉固定，中间不加垫圈。这把剪子由一名铁匠打造，长为16英寸，剪刀刃最宽为1英寸，厚为0.3125英寸。剪刀刃的制作同前述的其他剪刀一样，先把刀口削为斜面，再用专用的抢刀处理，这种抢刀已在前文提到过（见图23），最后再用磨石打磨，也即开刃。这种剪刀的刃口不像菜刀或肉刀那样薄而利，它的特点在于刀口在铆钉处最厚，前端尖处最薄。照片摄于上海老城。

---

[1] 在中世纪的欧洲，常温状态下红铜、黄铜的制作工艺由吉卜赛人从东方引入，吉卜赛人因而在德国有"冷金属匠"之称。

制钉

很早人们便认识到，一个钉模对于打造钉子大有帮助。在英国，为此目的而发明的一件工具叫作"制钉器"或"钉模"（nail-swage）。在瑞士诸罗山区史前冶铁遗址的发掘中，曾发现一件可能是制钉的最古老的工具（承新泽西州的理查德·莫尔德恩克博士提供资料）。在采用机械化制钉之前，这类工具曾专用于制作小钉子。在德国，专用的制钉工具是固定在钳台上的。为便于从制钉器孔中取出钉子，装置里安有弹簧，在它上面轻轻一敲，钉子便可弹出。

图31的钉模长10.5英寸，头部的圆盘直径2.75英寸，锥头（有圆孔以插钉子）直径1英寸。图34中的钉模长11.25英寸，待加工的钉子杆长1.25英寸，制成的钉子长0.75英寸。图中的锤子长9.5英寸，用来做钉头。钉模的前端圆锥部分是按钉头定形的，一个伞形帽头的钉子（见图35）要用另外一种钉头模子，而不是用制平头钉的模子。钉模靠近头部的圆盘是为了锤打时防护热铁鳞掉在工人手上，但最初的意图是打制钉头转动钉模时，钉模有个合宜的型台可稳当地抵在砧台上。

图32的钉模（是对图31和图34的补充），是我在山东看到的，那里有专门的工匠做钉子。工匠的面前是砧台，他坐在矮凳上。一个助手拉风箱鼓风烧火，同时瞅着几根末端放入炉火中的铁棒。工匠看好火候取出一根铁棒，用锤子在砧台把烧红的一头敲尖，然后放到方柄凿的刃口上锤打尖形部分，使它几乎同铁棒切断。把欲断的尖头铁插进钉模的圆孔，把铁棒折弯，跟尖头铁断开，剩余铁棒放回炉火中。那段尖头铁部分插在圆钉孔中，部分露在外面。这时工匠左手水平拿着钉模，把有圆钉孔的那端搁在砧台上，右手拿锤子对露在圆钉孔外的一段进行敲打，由此打成钉头。不用担心钉子取不出来，钉子凉下来后，锤子敲打会使钉子松动，再将钉模猛的一震，做成的钉子便会掉出来。一个工匠一天可以做500～600个钉子。图32的钉模总长10英寸，突起的圆钉孔直径0.75英寸，圆钉孔的下面以及柄把主干部分是方形的。如果做大钉子，就要用大的钉模，圆钉孔也跟着大。照片中的钉模样品来自山东胶州，照片摄于青岛。

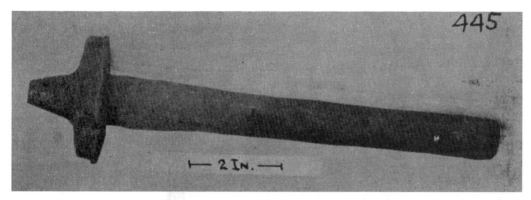

图31 制钉工具

图32 钉模和平头钉

　　图33汇集了中国钉子的基本类型。A是造船时用来固定船板和隔舱的钉子，钉子的直尖头打进紧靠船舱的甲板，弯成直角的尖头打进船舱的木板。B与其说是钉子更像一个扒子，锯木板需要把板子靠在另一块木头上，这种钉子在这种场合派上用场。C和D表明做钉子并不一定要有钉模。两头尖的长钉在铁砧上锤打好，再用锤子把中间一段打平，来回弯几下很容易使钉子从中间折断，变成两个钉子。用钉子时只要用锤子敲打中间被掰断的一端，就会做成一个新钉头。D是从木头中拔出的旧钉子。E是做鞋用的平头钉，用钉模做成的。F是一种用刀削制的短竹钉，用于固定鼓面，使用时先用锥子在坚硬的鼓皮上扎出洞，这样竹钉便容易钉入木头。图中位于鼓上的就是这种竹钉。G是一个锻打成的铁钉，用于加固独轮车轮的轮缘。H为两个棺材上用

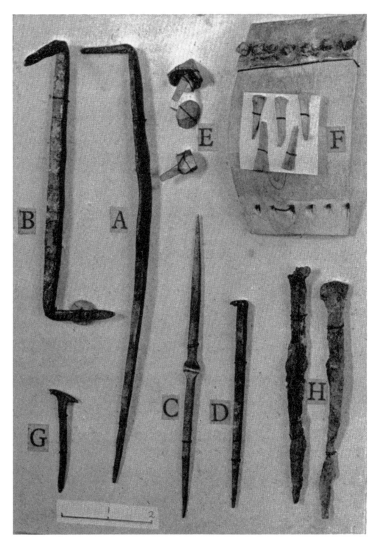

图33
中国钉子

的钉子，取自鄱阳湖边的古墓，靠近江西南康府。

以上这些样品都是我从江西省收集的，目前陈列在莫瑟博物馆，以作为如今仍在使用的钉子的范本。

图35展示了不同式样的平头鞋钉，两个宽头钉，还有两个待做钉子的钉子杆等。图中的宽头钉很像18世纪时英裔美国人用来钉皮革的大头钉。

我在江西牯岭收集到一种有厚实钉头的平头钉（未收入图），钉头上有规则的小浅窝，让人想起近代欧洲用机器生产的铁钉，钉头上压有交叉的图案。制作这种平头

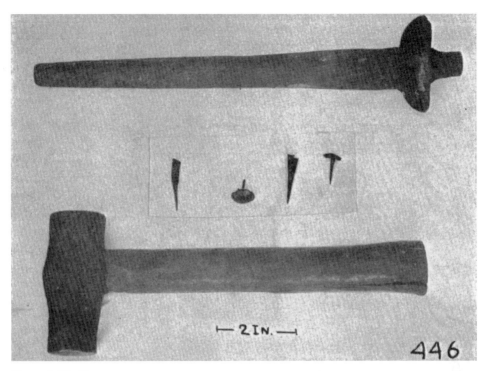

图34 中国钉子

制钉工具和锤子。制钉工具（上）11.25英寸长。图中间是两个短平头钉，另两个是锻打的钉子杆，0.75英寸长。中国制钉匠的锤子9.5英寸长，用于打成钉头。另外，用锤子轻敲钉模的边缘，做好的钉子很容易便从钉模中掉出来。

图35 中国钉子和钉子杆

钉的一种可能是为了与进口洋钉相比较，或者仅仅是用来提高中国式雨鞋的抓地力。无论如何，要是一个铁匠问我为何洋钉上要刻上菱形的图案，我是无法回答得让他满意的。当我们还是有好奇心的孩子时，就已经对"钉头的粗糙表面是为增加锤子与钉头的摩擦"这种解释深信不疑，但我现在宁愿相信这是制造钉子过程中的一个事故，是生产机器无意留下的痕迹，并没有什么可以加以引申的意义。

　　还有一种小鱼尾钉，钉头用黄铜做成，像个小浅碗形，里头涂有焊料，以与钉身焊在一起。这种钉子在挂卷轴画上端的绳扣时有大用。中国裱糊好的画卷一般在两端都有卷轴，上端的卷轴系有一段有绳扣的绳子。珍贵的画卷平时收藏，并不示人，只在特别场合才拿出来观赏。画轴展开卷起都要小心，卷起后把它包好。绸子或宣纸的画卷，要一直卷到绳子那头为止，再系好绳扣。

焊接工艺

我们常说的烙铁是指一种带手柄的头部呈尖角或楔形的工具，烙铁头由红铜做成。光从文字上看"烙铁"，可知道以前的烙铁头其实是铁的。图36中的烙铁样品由锻铁制成，楔形的烙铁头长2英寸，宽1英寸，厚0.875英寸，与锥形柄成直角，柄的尖头安有木头把柄。焊接时，工匠先把要焊接的工件刮磨干净，再用松香作焊剂焊接。做一些精细的活，因腾挪空间有限，这时工匠只用将烙铁头放入炭火中，焊接时用火钳夹出，以代替带把的烙铁。

图36摄于江西德安县的一家锡匠铺，起初我们并没有多留意那位锡匠和他做的时兴之物。然而，由于他的工具也可以用在其他的行业，这才引起了我们的注意。我看不上这个锡匠做的东西，更反感的是，他用的原料有煤油罐、废罐头马口铁，还有进口货箱用的薄铁皮衬，除去没有任何新意的锡器，都是中国人并不真懂的外国货。唯一相关的——这是中国工匠的技艺——给铜罐子里面挂一层锡。

说来焊接工艺历史悠久。吕底亚的国王（克罗伊索斯之父，约公元前7世纪末）曾向德尔斐神庙敬献了一个有精美底座的银花瓶，这个底座出自希俄斯（Chios）的格劳克斯（Glaucus）之手。格劳克斯以金属制作享有盛名。古希腊著名学者帕萨尼亚斯（Pausanias）曾描述过这个底座，由此我们知道：它由多块铁板构成，底部最大，一级级上去，最顶上的一块稍向外弯，整体看上去很像一座小塔。每层之间没有任何钉子或销钉固定，通过简单的焊接而成一体。正是由于这件作品，格劳克斯被后人誉为"焊接工艺之父"。但考古发现表明，其实远在格劳克斯之前的时代焊接已被人们了解。例如特洛伊出土的文物，让人亮眼的"普里阿莫斯的宝藏"（Treasure of Priamos）中的金器，就带有明显的焊接痕迹。这些宝藏属于约公元前2200年一度繁荣的大城市底比斯。游历埃及的英国著名作家、旅行家J. G. 威尔金森爵士发现，底比斯的金银花瓶确如帕萨尼亚斯所描述的，底部由层叠的数块金属板组成。这些花瓶是从亚洲运来呈给托特美斯三世（托特美斯三世于公元前15世纪时在位）的贡品的一部分。后来法老时期，埃及人也对一些一般器物，在外表不易觉察的地方用铅焊，普林

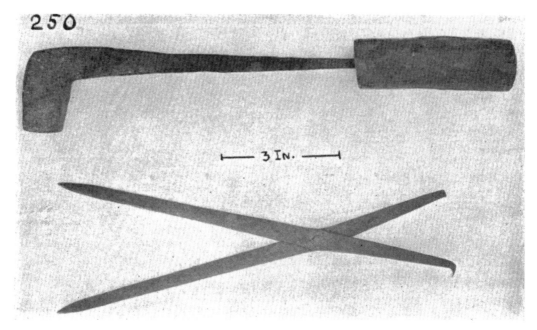

图36　烙铁和圆规

尼在说到铅焊时指出，铅若不和锡配合使用，是不可能焊接物体的。此外，松香作为焊剂也是必不可少的。以上这些关于焊接工艺的历史背景足以使我们纠正以前错误的观点，即焊接多用来做一些低档的拼接活。

图36中的圆规来自中国，尽管看上去有现代感，其实它有久远的历史。圆规总长为10.5英寸，两个支脚宽0.5英寸，厚0.125英寸，中间被铆钉固定。支脚的一端有个小尖头，是用来标记圆形圆心和测量内径的。

这种圆规还有一个特征，就是它们可以用来放大和缩小。短支脚张开后两脚间距总是长支脚间距的一半。利用这个特点，圆规便可以成比例放大一件物体的尺寸，只要先用短支脚测量一下，再依据长支脚的间距便可确定。在银匠使用的工具中，我也见过这种圆规。

金属拉丝

使金属材料通过铁板上的小孔，用力拉制成金属丝，这是古代手工业中可以采用的最佳拉丝方式。这或许可以解释为何历史上涉及金属丝的发明者和制造年代的记载语焉不详。从目前掌握的资料看，自14世纪中叶起，德国纽伦堡的金属丝工匠不再被称作"wire-smiths"，而被冠以"wire-drawer"的新名。以这一说法为依据，可以认为金属拉丝（或冷拔）技术起源于14世纪的纽伦堡。在研究中有一点引起我们兴趣（因为与东方有关），意大利学者穆拉托里（Muratori）在他的著作《中世纪意大利风俗》（*The Antiquitates Italicae Medii Aevi*）中引用了一份9世纪的手稿（见该书第2卷，第374页），手稿原件保存在卢卡的主教堂图书馆。文中提到，金丝拉制技术很可能是从东方传入意大利，继而传到法国。西奥菲勒斯（Theophilus，约活动于1100年左右）也曾在著作中提到过拉金属丝用的铁板。特洛伊遗址黄金宝藏的发现者舒里曼（Schliemann），选了一些特洛伊的文物给伦敦知名的金匠和古董鉴赏家卡洛·朱利亚诺（Carlo Giuliano）鉴定，在仔细研究后朱利亚诺认为，特洛伊人制作串缀珠宝用的金丝很可能是用纯金锭打成细条，再通过拉丝板分几步进行拉制，最后得到精细金丝的。庞培古城发掘所见的文物，引人注目的有一根铜绳，长约12英尺，由3股拧成，每一股由15根铜丝编织而成。这些事例都表明金属拉丝由来已久。

图37展示了一套中国最原始的拉模装置，照片是在江西樟树靠江的一个小集镇上一个自称独来独往的银匠家里拍的。该装置的木凳长23英寸，宽10英寸，高7英寸。铸铁做成的拉模有5英寸长，中间有0.75英寸厚，最宽处为4.5英寸。拉丝用的钳子长14英寸。刚铸成的拉模还没有穿孔，只是一些排列整齐的锥形凹印（见图37）。拉丝匠会根据需要确定钻通哪些孔。要拉的金属材料先敲打到差不多小拇指般粗细，前端要细到能穿过拉模的孔。

穿过拉模孔的金属线端用钳子夹住，银匠一脚踩在凳子上，把金属线端再嵌入凳子边专开的狭缝（见图37），使它向上通过狭缝，而拉模板平贴在木凳的背面。现在工匠使上最大力气通过拉模和狭缝来拉金属线，把整根线从拉模孔中拉出来。这样，

图37 部分拉丝工具

图38 中国拉丝机

通过依次穿过逐渐变小的孔，就可得到所需的最细的金属丝。

比之上述的纯手工操作，利用图38中的机器，拉丝表现出精细化的风格。我是在樟树路的一家银匠铺时看到这台机器的，进铺子买了条银链子店主才允许我拍照。机器底座是一个牢靠的长凳，高1.5英尺，长4英尺，宽1英尺4英寸，凳子面上用榫接安有绞车和装拉模的支柱。在支柱的顶部开有狭槽，柱子上套有铁箍以防裂开。用铁链子勾住的铁钳有7英寸长。机器工作的方式很容易懂，铁链子用长钉固定在绞车木辊子上，把要拉制的金属丝一端敲打成尖头，并使它穿过拉模后能够被铁钳子夹住。随后，工匠转动绞车上两个长的铁曲臂（图中只能看到一个铁曲臂，对面的完全相同）。当金属丝被绞车和拉丝板拉到一定长度时，就把铁链子取下，直接把金属丝固定在辊子的长钉上，再继续拉丝。若一开始拉丝不用铁链和铁钳，金属丝会拉坏绞车的。

拉金、银、红铜丝和黄铜丝，可以用上述任意一种方法。在拉制铁丝上，中国人从来没有成功过。因为拉制前的铁要很好地退火，并且每拉2~3次就退一次火，中国人不懂得这一点，因而一直不能拉成铁丝。他们在这方面的唯一成就，只是把进口铁丝用拉模再拉一两次使之变细。显然，除此以外没有其他显著的拉丝工艺。[1]工匠所用的金属丝都是自己拉制的。

---

[1] 霍梅尔这一论断不符合史实。据文献，宋少府监文思院有"拔条作"，内侍省造作所有"拽条作"，《梦粱录》记杭州有"铁线巷"，当系拉拔铁丝所在。明代内务府有"拔丝作"。这些作坊都是专门从事铁丝拉拔的，所有产品按直径粗细分为"黄豆""绿豆""高粱""黄米""小米""油丝""花丝""毛丝"各种规格。清代山西晋城、广东佛山等重要冶铁中心都有铁线行，用当地所产熟铁拔丝。有关拉制铁丝的论述，参见华觉明：《中国古代金属技术——铜和铁造就的文明》，第435页，郑州，大象出版社，2000年。——译注

铸铁

　　我们在此要说的铸铁工艺，远在西方人对它知之甚少的年代，中国人就已经进行了大量的实践。在欧洲，铸铁工艺在14世纪下半叶才被逐渐引入。据我所知，现存最早的中国铸铁器是3世纪的一座铁炉，出土于陕西咸阳附近的一座陵墓。炉身为长方形，支撑的四条腿足部为马蹄状，后部立有烟囱，前面是火门，顶部有五个灶口。整个炉子28.125英寸长，16英寸宽，13.75英寸高。这件文物由贝特霍尔德·劳费尔（Berthold Laufer）博士在中国内地收集，现藏于芝加哥的菲尔德自然历史博物馆。[1]

　　中国典籍有最早使用铁的记载，如夏代的编年史提到，公元前1877年用铁来制作刀剑[2]。5世纪的《刀剑录》记述了自大禹时代（约前2200年）以来的名剑，这些名剑大都由金属铸成，或是用铜、用铁，或是用金，也流行用玉石。不同时期也用过铁铸的硬币，尤其是在政治动荡的年代。一个早期的例子，如公元25年公孙述自立政权称帝（在今四川省内），他下令铸造铁币。

　　如今为人们熟知的铸铁器很多，如寺庙的钟、秤砣、犁铧、火炉、炉箅、拉丝模、做饭用的锅，等等。锅是目前最普遍的铸铁器，制作铁器的铸造厂也遍布中国各地。

　　在有铁矿石的地方，铸造厂使用的原料直接取自铁矿，而有些地方就用废铁当原料。每当中国人买新锅时，通常会把旧锅卖掉，旧锅就充当了炼铁原料。

　　我在浙江考察过一家用铁矿石做原料的铸造厂，厂主说在崩塌的山坡下可以找到含铁的原料，外表看上去像粗糙的灰砂，却很可能就是磁铁砂。炼铁时先对这些铁砂进行烘烤处理，这是为了去除其中的硫。处理过的铁砂聚成团粒，色如煤黑。随后这些矿料被送入有鼓风的炼铁炉。炼铁炉为圆形，直径约3.5英尺，高约7英尺。靠近炉

[1] 图片见菲尔德自然历史博物馆出版物第192期，人类学系列第15卷，编号2，插图Ⅱ。
[2] 原文如此，显然作者对中国历史有误解。——译注

子底部有个流口，对面是送风口。炼铁炉的装料方式是，一层木炭一层矿料和碎石灰石，这样层层填满。鼓风用的风箱，外形是一个长圆筒，木头制成，看上去就像加农炮的炮管。当矿料熔成液态铁时，就准备开炉。工人把炉子倾斜一个角度，拔开流口的陶塞子，使铁液流入低处的铸模。铸成的铁锭成碗形，质地粗硬，如同生铁。把这些粗制品打碎，再与木炭和废铁一起装入炉子重炼，由此可炼出优质铁。

前面提到烘烤铁砂的炉子，与炼铁炉的大小相当，建于空地，没有天棚，为的是让有害气体散开。据我所知，古代炼铁从来没有大规模的方式，后来的大规模炼铁也不是采用中国的炼铁方法。如果某一个地方发展一项产业，会有许多专门的生产商应运而生。如浙江龙泉以制剑闻名，当地一半的店铺都以制剑为业，铺面之间相互独立，一个师傅带五六个徒弟，规模不及一般铁匠铺大。

图39是我前面介绍过的铸造厂，该厂只用废铁做原料，熔铁铸造。照片摄于江西德安，照片中间是一个略倾斜的化铁炉。在铸铁三脚架上，有一个大的铸铁坩埚（图中未能清楚显示），它上面是化铁炉，用火砖和黏土砌成。化铁炉用铁板条和三个铁箍加固，高5英尺，半径为2.5英尺。靠近炉子底部有流口，当向炉子里鼓风时，流口要用锥形的陶塞子塞住。进风口在炉子的背面（照片上看不到），由一根陶管与风箱相连。风箱位于照片中的后景。锥形陶塞子的底部有个小洞，将铁棒的一头插在洞里，撑住塞子以堵紧流口。这家铸造厂主要生产做饭用的铁锅，有三种规格。

圆筒形风箱（见图39和图41）在工作原理上与普通风箱（见图26和图28）相同，圆筒形风箱主要用在铸造厂和铁匠铺。西方常用的空气泵，活塞头部不设进气阀。圆筒形风箱的进气阀，是以两个圆盘形式固定于风箱筒身的顶部和底部，不随活塞移动。在长方形盒式风箱的底部，有分开的隔室或风道，被压迫的空气从这里进到风嘴。类似的隔室或风道也用在圆筒形风箱上，在圆筒外侧（顺圆筒方向），在图39和图40中清晰可见。

图41是在安徽当涂附近拍摄的，是另一种化铁炉。以铸铁架为底，化铁炉由火砖和黏土砌成。炉子顶上是一个无底铁锅，相当于把炉子顶口扩大，加料时也便于掌控木炭和废铁的比例。

当炉子中的矿料熔为液态铁可以开炉时，把风箱管（图中未显出）移开，流口的陶塞子拔开，用火钩子（像个拐杖底下带钩子，见图43）钩住炉子上部的环耳，使

图39　炼铁炉

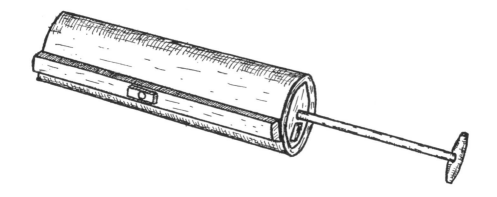

图40　草绘的圆筒形风箱上的风道和风门

图41　铸铁匠的炉子

炉子倾斜，让液态铁流入待接的浇注包（见图43）。铁液快满时，盖一层谷糠灰，然
后铸模浇注。浇注包倒空后尚有残渣，要用一块铁片清理掉。通常浇入铸模的铁液多
会溢出，此时可用图42所示的长柄勺子接住，最后用带锥形陶制头的工具（见图42
上）堵住铸模的浇口，便完成了铸造的前期工序。

　　在安徽当涂的铸造厂，一次能铸十口铁锅。铸模先放在稻草垫上，一旦注满铁
液，就被抬到一边打开（见图47），一个工人拿钳子（见图43）处理仍是红热状的
锅沿，用转圈的方式把突出的棱角打掉，再拿刷子蘸水把整个锅里刷一遍。做好的铁
锅放到一边。用过的铸模要用调了油烟的水把里面刷一遍。图47左边是一只水桶，
中间被隔成两部分。水桶的木提把上挂着刷锅用的刷子。提把上还有两个帽子似的铁
器，是用来打磨铸模浇口的。

　　图41的后景为圆筒形风箱，是用掏空的树干做成的，因为跟化铁炉挨得相当近，
外表抹了一层陶泥以防烤焦，搭成X形的支架使风箱处在倾斜状态。为了保持风箱的

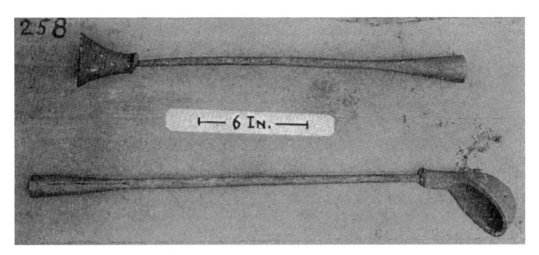

图42　铸铁匠的堵口工具和长柄勺子

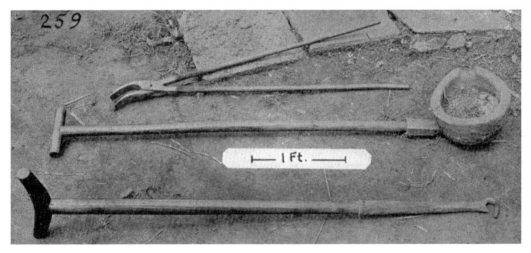

图43　铸铁匠的火钳浇注包和火钩子
火钩子钩住炉子顶部的环耳，使炉子倾斜，让铁液流入浇注包。

位置不动，它的两头用套在木桩上的绳索拉紧。风箱要两个工人来拉，为防高温，挂了一个竹席子遮挡。随着风箱活塞的每一次推拉，都送出一股巨大的风。

　　图44展示了铸模下片的部分，一面显出光滑的凸面（即铸面），另一面（见右）翻过来显出内凹面，带着很多的散热孔，以防浇注时铸模因骤热而破裂。图45是上下两片模子装配的状态，后景可见堆放的模子下片。上片模子四个突出的部分是抓手，顶上的大圆开口是浇口。当上下两片模子装配到一起时，它们中间留的空就是被铸铁

图44
铸铁锅的模子

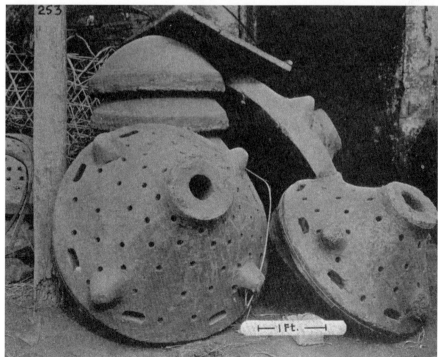

图45
铸造铁锅的模子
照片清晰显示出陶
制的盖子（模子顶
部外表），有中心
浇口，许多小散热
孔和四个抓手。

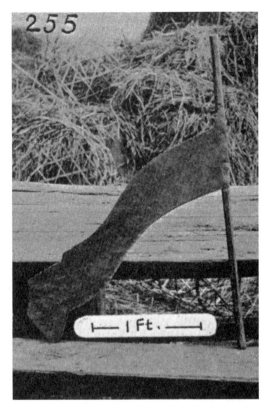

图46
铁模板
用于制作铸造铁锅的陶模子。

锅的形状。说来令人称奇，以柔性陶泥制成的准确相配的模子，是以简单的铁模板制作的。图46是铁模板的样子，它的下边是模子凸面部分的轮廓，上边是模子凹面部分的轮廓。做模子的陶泥掺有稻草，模子表面要用油烟处理。

图47中有两对叠合好的模子待浇注。模子下垫有两根木条（图上不太清楚），上面也有两根木条做抬手。为抬起叠合的模子，木条的四角相互用绳子、链环和钩子拴紧（见图47）。

图48是一个做好的铁锅。铸成的铁锅要仔细检查，废品准备回炉，有瑕疵的（如锅沿有裂纹或有沙眼）挑出来修补。补锅是中国手工艺的一大特色。在欧洲，直到19世纪后半叶乙炔焊接问世前，从没有尝试过修补铁锅。优质铁锅的寿命大约是20年，经专业的流动补锅匠人修补，还可以延长使用。修补铁锅的关键在于，必须要有便利手段达到一定温度，以使小块的铁熔化，而借助高效的中国风箱很容易实现。

图47 铸造铁锅的模子和装置

图48 铸成的铁锅

铸件修补

我们有一个用坏了的铁火盆，破了几个洞，要找人修补。前些天我看见一个补锅匠在镇上转悠，收了一些铁锅要补，因而我知道他就在附近。他来时带了全部家什，还有一个拉风箱的帮手。他把风箱放在地上，圆形加农炮似的，约2.5英尺长，7英寸粗。为了把风箱固定，他在风箱两头打下桩子，用绳索拉紧。炉子是一个陶制的圆筒，约13英寸高，6英寸粗，靠近底部有一个孔，有一个金属管连接风箱和炉子，用于送风。接口小心地用陶泥抹严，以免漏风。炉子的内径约3.5英寸。生火前先用几块烧结的陶土块垫在炉底，而后点燃稻草放进去，再填入小块的无烟煤。点火时便开始推拉风箱鼓风，没用其他的方式助燃。很快，火焰升起来。匠人拿出陶制坩埚在火上烤热，然后放进炉中煤堆里，把一些小的碎铁片放入坩埚，再逐渐添加大的碎片。坩埚直径约2英寸，深2.5英寸。在炉子顶口，匠人用涂了湿泥的稻草垫子当炉盖。这期间，帮手一直在拉风箱，大约一刻钟后，坩埚里的碎铁熔化。匠人把铁液搅动几下，撇除表层的灰渣，使铁液纯净待用。要修补的东西，除了我们的火盆，还有几只

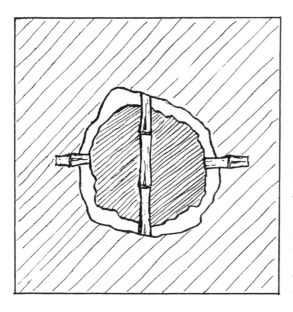

图49
铸铁器的修补草图
火盆待补的洞口放置一小块铁片，虚线部分表示火盆的完好部分。竹片呈十字摆放夹住做补丁用的铁片。用取自坩埚的铁液，沿铁片放置后形成的缺口浇注。铁片一被铁液固结，就把竹片撤去。

铁锅。地上打有三个铁桩子，锅就放在这上面修补。匠人面前有一小篮子木头灰，他左手也抓了一些木头灰。匠人的右边有一个陶勺，他用陶勺从坩埚里舀出一勺铁液，放到毛毡垫上，从铁锅的下面把它推到要补的洞口。与此同时，匠人拿一块用棉布紧卷成的短圆筒，从铁锅的另一面紧紧地压在这个洞上。用这种方式，适量的铁液被完全填入这个洞口，并且由于两边的紧压而形成平滑的表面，至此小洞的修补告成。就我们的火盆来说，破洞比较大，修补就得用别的方式。匠人从旧锅上裁下一块铁片放到洞口，用两条竹片成十字交叉在洞口夹住铁片（见图49），然后沿铁片与洞形成的缺口浇注铁液，直到铁片与锅体固结在一起。令我惊奇的是，这位匠人也修补外国造的搪瓷面盆。搪瓷面盆的铁皮较薄，为了使补上去的铁片平滑，他也用一些松香。

以上来自在江西樟树的观察。

锻铁

中国出于经济上的原因，钢铁工具和实用器物的大部分产品受到限制，更不消说用铁做艺术品了。偶尔，西方人会在寺庙看到锻铁做的香炉，一英尺到几英尺高，燃着香火。香炉通常三条腿，上面是炉身，有中国文字和符号做的装饰。炉身上端伸出几支手臂状分支，末端做成环形，用于插香烛。

看来我对锻铁的调查要持续到好运来临的一天。在江西南昌一个中国人家里，我意外地看到了铁画（见图50和图51），木框嵌着木板，覆盖着淡蓝色丝绸，上面是用锻铁做的线条画。铁能做成如此精致的图画，简直让人难以置信，而且是用那些不起眼的工具。主人告诉我，这些铁画有几百年了，原先出自安徽芜湖。这些工艺品价值不凡，很受欢迎，仅在某些大户人家才有保存。

图50的一套四幅图画，描绘了中国的四种基本职业身份：樵夫——工，渔夫——商，农夫——农，学者——士。每幅图画都是4英尺长，1英尺宽。

后来我到安徽芜湖寻访，没有找到做这种铁画的行业的线索。一次我拜访一家冷清的铁匠铺，惊喜地发现他家里有一对改制的烛台（见图52），显然是用了以前做铁画的手艺，这位主人愿意让我看，却不愿让拍照。

中国人知道铁画的来历不凡，民间也流传着关于铁画的故事。大约两百年前，在芜湖住着一个铁匠，他有一个小徒弟叫汤天池，小家伙身单力薄，打不动铁，而师傅性情粗暴，动不动就对他打骂。隆冬的一天，汤天池又挨了打，他忍无可忍，跑进附近一座山里。大雪纷飞，可怜的天池漫无目的地走着，他唯一的愿望就是离师傅家越远越好。小家伙走得精疲力竭，最后倒在一棵树下。夜幕降临，尽管饥寒交迫，又有野兽出没，但小家伙似乎因为挣脱了终日的体罚，很快踏实地睡着了。也不知睡了多久，小家伙被走近的脚步声惊醒，他揉揉眼睛，抬头见一位白胡子老人站在面前，老人慈祥地问他深更半夜怎么在这里，天池忍不住流泪，委屈地说了自己的遭遇。白胡子老人同情地听完，取出一根仙草，劝他说吃下这颗仙草后直接回师傅家去，往后不会有打骂的事发生了。刚收下仙草，老人转身不见了。天池半信半疑地吃

图50

铁画工艺

木板上覆盖着淡蓝色丝绸，再固定锻铁
做成的线条画。整个铁画用木框装裱。

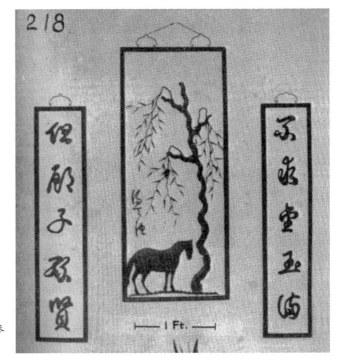

图51

铁画工艺

锻铁做成的线条画，其结构和木框参
见图50。

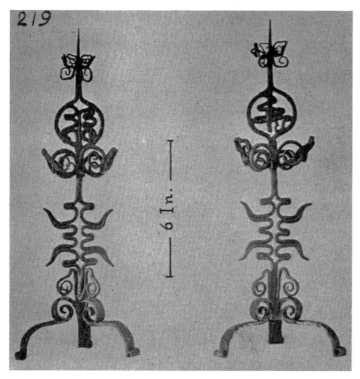

图52
铁画工艺
锻铁的烛台，摄于安徽芜湖，当
地存有传统铁画工艺遗产。烛台
由铁匠改做，在自家使用。

下仙草，顿时觉得神清气爽，老人的话给了他信心，他连夜赶路，拂晓时敲开师傅的家门，师傅一见是逃跑了的小徒弟，二话不说，抄起一根铁棍打过去。天池好像有超人的力量，一把从师傅手里夺过铁棍，大声说他掌握了其他铁匠都没有的绝艺。没有炉火，没有锤子，甚至也没有铁砧，天池用双手掰弯铁棍，又三弄两弄做成花朵、树木等漂亮的图案。说来这都归于在山中吃了老人给的仙草，汤天池很快成了当地闻名的铁匠。[1]

我还见过一些传世的铁画，据说也出自这位传奇铁匠之手。听说这些工艺品在安徽和北京都被一再复制，以迎合那些西方古董商的需求。

还要提到一种有趣但却少见的锻铁器物，这就是加固门板的板条。在西方国家，我们所熟悉的装饰板条从门的一边横贯另一边，并且是做折页的一部分。而中国的门

---

[1] 作者引述的故事显然有浓厚的神话色彩。关于汤天池的故事有不同版本，有兴趣的读者可自行查考。——译注

是绕着固定的门轴转的，在门角的底部和顶部有凸起的轴，这种样式完全是西方人陌生的。在景德镇这个历史悠久的瓷都，我没想到发现了一扇门，有门轴，却又像西方的样式（图53），两个板条从门沿延伸横过表面，在末端分叉后向外翻卷。开门时我发现该门上的板条并不是做折页的一部分，只是弯过门缘在门后截住。之后发现使用这种门板条的门不少，后来在安徽看到的更多，有些板条从门前面弯到门后，前后两部分的长度相等。从图54中可以看出，景德镇的这种板条是钉在门面上的，钉子穿透门板后长出的部分被敲平。我在安徽当涂见到的是箭头形的板条（图55），其尖头被敲进门板里。整个板条用U形钉固定，钉子的两头穿过门板，也是在门后敲平。我在安徽安庆见到一个庙门（图56），板条从后绕过两边门缘到前门的面上，末端被半圆形的铁条扣住。

　　中国大门上用的门环，也可以归为铁工艺品一类。门环是方便关门用的，不过也

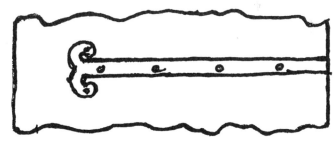

图54　景德镇的装饰板条

板条（为图53的细部）钉于门上，钉子穿过门板后被敲平。

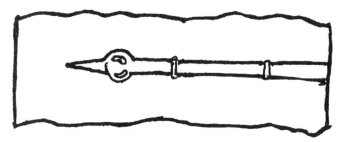

图53　景德镇的门

门角的底部和顶部有轴，装饰的板条不是折页的一部分，板条弯过门缘在门后面截住。

图55　安徽当涂的装饰板条

箭头形板条的尖头被敲进木门，整个板条用U形钉固定，钉子头穿透门板，在门后面被敲平。

图56
安徽安庆庙门上的板条
板条从后面绕过两边门缘到门前
的面上，末端被半圆形的铁条扣
住。板条与折页毫无关联。

常用来敲门。在靠近门环下有一个锻铁做的大门钉，钉在木板上。门钉的用途我还不是很清楚，在浙江考察发现，大部分的门上都有两个大门钉，在门环下竖着排列。当地人的说法是，门钉这样排是提醒敲门人至多敲三下，多了失礼。门钉穿过门板在门后面敲平，别的看不出什么用途。以上所说的门大多是指有院落之家的大门，这种门都做得很结实，不用锁，里面用木头门闩，可起防卫保护的作用。大门紧闭时，别人总以为家里会有人。

流动铜匠

在走江湖的生意人当中，铜匠（或习惯叫小炉匠）的地位算数得着的。铜匠的全部家什都在挑子的两头，从图57可见铜匠的工作台和风箱组合在一起，还有一个带抽屉的箱子（照片中没有出现），与风箱差不多大，挂在挑子另一头，以使两边重量相当。竹条架子钉在风箱的侧面，用来挑起这些东西。图中看到的箱子高17英寸，宽10英寸，长25英寸。箱子下面的部分是风箱，靠近箱子另一头的底部（照片中无法看到），有一个风嘴，风箱的风从那里出来。当铜匠看好地方停脚，他就把箱子放下，在风嘴旁边用砖头或石块先搭起一个小炉子，然后准备干活。箱子上面放着一个楔形台，可以调高或放低，用来支撑被锉的物件。在前文，我们说到一种中国式锉刀，有两个柄脚，一个做手柄，另一个做导杆。导杆可以从箱子顶部的有环的销钉中伸出滑动。楔形台由一枚大铁钉和一个坚硬的木块组成，钉子穿透木块半钉在箱子上。楔形台下有一个楔子，可调整木块以不同的位置固定，并紧紧夹住工作台上的物件。炉子一般用木炭生火，要焊接东西时，铜匠会把烙铁头（楔形的铜块）放入火中，用时拿火钳子夹出。

图57中左下角的铁砧非常有意思，有人告诉我铜匠用的这种铁砧上都会有一个方洞，也就是图中能看到的那个方形的大孔。但是找遍所有的工具，我却没见能与之相配的锤子或方柄的凿子。

图58展示了铜匠使用的工具。其中有特色的一件工具是刮刀，表面看去就是一个平钢片，5英寸长，1英寸宽，0.1875英寸厚。由于刮刀长年使用，两边的刀锋都被磨利，而无须专门打磨。图中的四把钳子用于往炉火里取放金属。带有长楔形尖头的锤子适于打制铁皮。

在铜匠所用的工具中，最有趣的要数"钻子"[1]（见图59）。在钻把上有一个

---

[1]据原文也译"泵钻"。——译注

图57　铜匠的风箱、锉刀、楔形台和铁砧

方孔，以穿过钢钻。在钻杆的顶端是铅坠，用铜帽扣住，起装饰作用。靠近铅坠下方的钻杆开有一个孔，皮绳从这个孔穿过，分成两股绞缠在钻杆上，而后两个绳头分别拴在钻把的两端打结扎紧。使用这种钻时，钻头对准要钻孔的金属面，右手握住钻把相当于滑块的部分，左手拇指和食指放在钻把旁边，其他手指空出。往下推滑块部分，会松解绞缠在钻杆上的皮绳，同时钻杆会向一个方向旋转。当绞缠的皮绳解开时，由于铅坠起到保持钻杆旋转方向的作用，会使钻具获得足够的动量。随着绞缠的

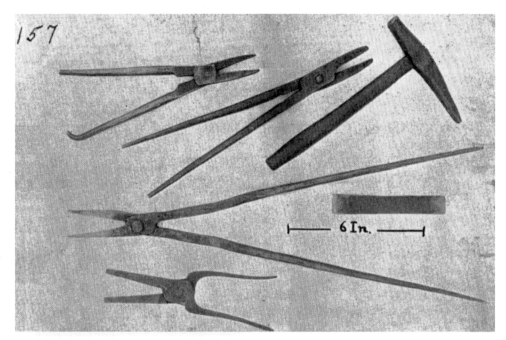

图58 铜匠的工具
不同的钳子、锤子和刮刀。

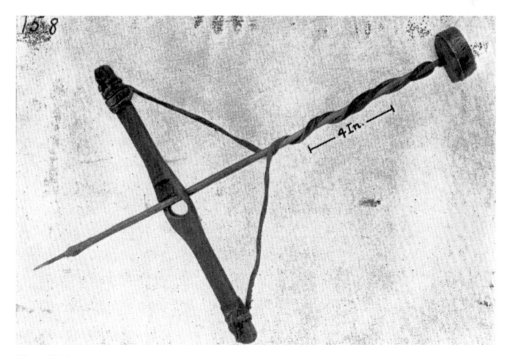

图59 钻子

皮绳全部解开，向下的手不再用力，这时钻杆会继续旋转，带动皮绳向反方向绞缠，并将钻把向上带起。之前积聚的动量用于皮绳的反向绞缠。再用手向下压钻把，绞缠的皮绳松解，钻杆再次旋转，但与之前的方向相反。如此往复，就使钻头不停转动。钻头并不锋利，看上去像一个钝的箭头。铜匠可以制作和修复各种小铜件，比如活页（在家具上使用铜活页的地方）、抽屉拉手、挂锁、帘子搭扣以及戒尺等。铜匠用的材料大都是黄铜，有时也用白铜、紫铜和银，由于银也做货币，因此只在修补时用到。铜匠家什的照片摄于江西牯岭。

第二章

农业工具

　　每天，有许许多多的人，由于劳累，脸上挂满了汗水；每天，有许许多多的人，弯着腰，为食物劳作，不时发出叹息。在中国，任何东西都没有食物那么重要。[1] 在这一章里，我们将介绍所看到的中国人的农业生产方式。对那些自命优越的西方人（他们为现代化和机器时代带来的成就感到优越）来说，中国的这些生产方式显得原始、粗陋而让人遗憾。然而，很难相信若是中国人采用西方的生产方式将会如何，几个值得考察的很实际的问题会说明这一点。在美国中西部，农场主认为40英亩的土地对一个家庭太小；而在中国的山东省，40英亩的土地能养活240人、24头驴和24头猪。在中国，平均1/6英亩（即约一亩）田地维持一个人的生活足矣；而在美国，养鸡差不多都要2英亩改造过的农场土地。几千年来，中国农民学会了不浪费任何东西；西方人的方式却是，垃圾焚烧，污水泻入江河湖泊，不断造成惊人的浪费。而对中国人来说，这就意味着自取灭亡。肆意浪费是西方人生活方式的主调，其毁灭性的破坏将威胁并最终会吞噬西方文明，为了自救，我们愿意学习和效仿东方文明。

---

[1] 作者指的是20世纪初的中国。——译注

犁

中国古老的214个象形字中，"犁"是其中之一。[1]基本的象形字构成了汉字的部首，它们是距今几千年前，中国人用书写来表达意思而创造的成果，后来逐步发展为可用一个或多个部首组成所有的汉字。部首用的"犁"已不同今日所用的"犁"，由古老的写法我们可以获知，最初的"犁"是由略弯曲的木头制成的，有4英尺长，农夫用它掘地。那个时代，春天的第一条垄沟就是由帝王用原始的犁开出来的。

可以看出，古代中国对犁——人类主要的生产工具之一——给予了高度评价和重视。如今中国人所用的"犁"字，部首"牛"成为它的构词元素，这反映了中国犁的变化，即由人拉发展到牲畜牵引，由此便出现了表征"犁"的汉字。

下面所描述的来自我对浙江省宁波附近的慈城的观察，照片也是在那里拍摄的。

图60所示的犁为木制，其中只有犁铧和犁壁是铸铁，犁从头到尾长7英尺8英寸。犁主要由两大部分组成：犁身（包括犁梢、犁底、犁箭）和犁辕。向下弯曲的犁辕长5英尺10英寸，其前端有个木栓，套着一个可摆动的犁盘。犁辕的后端被做成矩形（4英寸×1.25英寸），插入犁梢上开的长条形孔。犁底为木制（长2英尺4英寸；截面为方形，边长4英寸），其前端削尖，以插进犁铧的窝孔，图61中清晰可见。犁梢和犁箭（4英寸宽，0.75英寸厚）牢固地榫接在犁底上。犁梢距地面约17英寸高，在犁辕尾部插入犁梢的上方安有一个小把手，用于调头时，便于把犁提起来。犁箭的下部固定着犁壁，调整时先把犁辕中间开孔的上头部分向下推，因为犁箭连着犁壁，这样犁壁背面的铁框（起固定作用，图61中可看清楚）也跟着向下。犁辕上另有一个木块，与插入犁箭开孔中的木键配合，起到向下压住犁壁的作用。在犁壁的铁框加塞不同厚薄的木头，可以调整犁壁的高低。铸铁犁铧的窝孔，位于犁壁下面，套在犁

---

[1] 这里说的"犁"实际指的是"耒"，一种原始的树枝制成的二分叉形的掘地工具。——译注

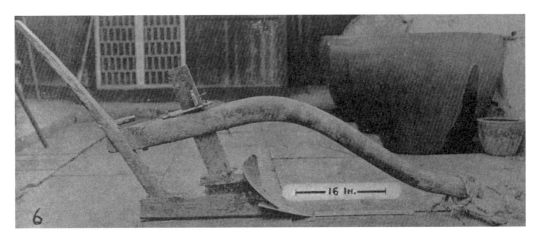

图60　中国的犁

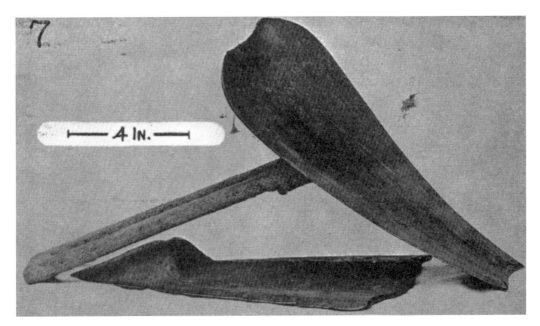

图61　中国犁的犁壁和犁铧

铸铁犁壁（图上）壁边呈曲形，壁上铸有长条槽，便于翻土。犁壁用木楔固定于可调节耕作深浅的木柱（犁箭）上。中国的犁壁与西方的一样，使犁出来的土翻成垄。

图下是铸铁犁铧。拖鞋形的矛头尖，尾部有窝孔，套在犁底的前端，用木楔固定。犁铧的作用是破土成沟。

底的前头。犁铧宽形的上尾部，插在犁底开出的狭缝里，用木楔固定住。犁壁10英寸长，最宽处4.375英寸。犁壁后的铁框9英寸长，2.5英寸宽，尖形犁铧11英寸长，尾宽为7英寸。犁壁和犁铧都是铸铁，一般用两年便磨损坏了。犁箭上部穿过犁辕开的孔，可以上下移动。犁评（见图60）控制犁箭的提升或降低，由此决定犁沟的深浅。犁评是一个阶梯状木块（6英寸长，0.375英寸厚），有三级阶梯，农民可以三种不同高度调整犁箭，其结果就是犁沟有不同的深度。当犁评放在某一个阶梯，把木键插入犁箭上的孔，可将犁评固定。在犁评底部和犁辕之间有两个竹棍，用绳子绑住它们的末端，以夹紧犁箭。这两个竹棍并不是必需的，只是一种临时之用。在犁评控制的最高位，有时为了让它再高些，便使用这种额外的垫物。这样做的结果是犁出的沟很浅，比原来犁评控制的还要浅。

挽绳一端拴在犁盘，另一端系在牛轭上，轭放在耕牛的颈上。耕牛是中国一种被驯化的牲畜，其特征是在两肩之间有多肉的隆起。牛轭如图62所示。

耕地时，农民从田地的左边角开始，犁出第一条沟，沟里的土被翻到犁壁的右边。到对面地头调转犁，再与第一条相邻，犁第二条沟。可以这样理解，第一条沟翻起的土，被新犁沟翻出的土覆盖，这两次犁出的土就成为田垄。

中国山东省的人口多，相对贫穷，其民情有代表性。很多时候，在庄稼生长急需下雨时，老天爷不发慈悲，反倒降临灾祸，看到人们受苦受难，确实令人伤心。贫穷也与落后的生产方式有关，如今能找到这种原始的犁，一点儿不令人奇怪。这表明

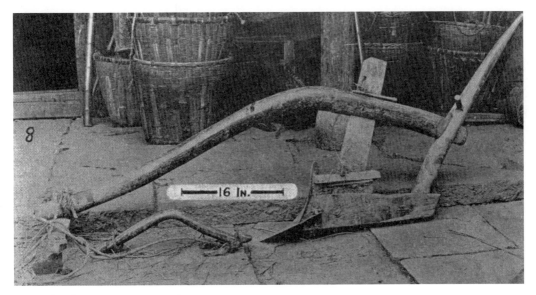

图62　中国犁
该图显示从另一边看到的犁，以及用于拉犁的牛轭。

图63　山东的人力犁

清楚地显示了山东人力犁的拉犁方法。

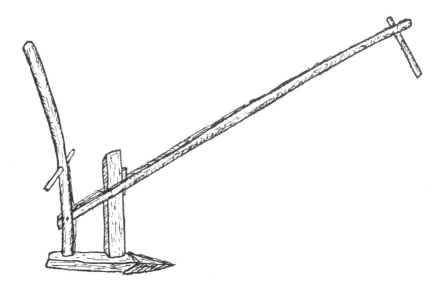

图64　山东的人力犁绘图

缺乏耕牛时，只能用人来拉犁。使用时，一个人一边扶犁一边推，另一个人拉犁。图64是这种人力犁的细致说明，它有一个底座，底座前端装有铸铁犁铧。犁稍和犁箭与底座结实地榫接在一起，犁稍向后弯，以为扶犁方便，这与古老的欧洲犁的独柄把很像，不过在欧洲已不再使用。

在中国所见，与西方古老的木犁用法不同，扶犁的人要向前弯腰并向下用力，肩膀抵住犁稍的上部，两手抓住犁稍中间靠下的短木把。这是非常巧妙的方法，这个人不但掌犁，而且还往前推犁。犁辕是一根直木棒，后端安在犁稍下部，插在槽孔里，用销钉连接，这样犁辕的高低可以调整。在犁辕离开犁稍往前的位置，有一个槽孔，用于穿过竖直的犁箭。犁辕的高低可以用不同的木楔调整（相对于犁箭），这样犁底前端犁铧的角度会随之改变，便可以耕出不同深浅的犁沟。在犁稍和犁辕之间的上方，拴紧一根绳子，起加固作用，在图63中模糊可见。

这种人力犁还有一个有趣的特点，它有一个"拉把"，这是根短木棒，靠近辕的前端，垂直插入犁辕。这使另一个人能够用肩膀抵住辕，当他用力拉犁时，短木棒正好卡在他肩上。照片摄于山东的崂山，距青岛北面有20英里远。

与中国其他地方一样，崂山人不愿拍照。为了展示这种犁的使用状态，只找到一个中国人愿意配合，这样我就得充当拉犁者了。

耧

在欧洲，耧可以追溯到16世纪初期。当时一位名叫乔瓦尼·卡瓦利纳（Giovanni Cavallina）的意大利人，在博洛尼亚（Bologna）制作出来。费尔德豪斯（Feldhaus）分析了那幅推定的、不太精确的有中国耧的图画，他说很可能这种简单样式就是东方最初使用的耧。意大利中世纪的许多发明，在东方都能找到原型，正如费尔德豪斯所说，耧也是这些发明之一。

据中国史书记载，汉朝敦煌地区一位叫皇甫隆的地方官，教人们制耧和使用耧，由此节省了一半劳力[1]。为了理解使用耧的经济效果，我们需要想象，没有耧的时代人们是用手播种小麦或谷物，这正如山东的贫穷农民，他们买不起耧，只好用手播种一样。汉朝时的耧据称有三条腿，在顶部固定有装种子的斗。整个耧用一头牛就可以拉动。当向前走时，农民使耧振动，种子便会落下来。后面的刮平装置或长柄扫把，抚平土将种子盖到犁沟。

以上所述，也是如今中国北方使用耧的真实写照。北方使用的耧有两种：一种是原始类型，有一个耧脚；另一种有两个耧脚。前者（这里未出现）立着没用时，三条腿着地，有两根木杠（或辕）和一个耧脚。后者（这里有几幅图显示）四条腿着地，有两根木杠和两个耧脚。

使用耧时，凭借把柄从这一边到另一边振动，也是一个重要特点，在汉朝已如此。图65是在山东一个农家院里拍的一只耧的完整外观。这张照片和其他一些照片都是在山东潍县拍摄的。美国传教士弗兰克·H. 查尔凡特（Frank H. Chalfant）在这里工作，他对中国文字做过深入的研究。[2]

---

[1] 原书记载年代有误。皇甫隆是三国时人，于魏齐王曹芳嘉平年间（249—254）任敦煌太守，推广耧和沟灌法，使单位面积产量增加约五成。——译注
[2] 弗兰克·H. 查尔方特：《古代中国书法》，卡内基博物馆专题报告，卷IV，匹兹堡，1906年。——译注

图65　中国的耧

　　山东所见的耧有一个竖直的主框架，触地处装有铁尖朝下的铁耧脚（为空心）。最上端是两个把手。两根直杠（或辕）与主框架成钝角向前伸出，在主框架与直辕之间，靠近竖直把手处，是木制的耧斗（又分成装种斗和分种斗）。从图65至图69可以看清楚，早先没有任何铁件的细致的木工技术。耧斗有一个前斗（分种斗），有两个长方形的斜槽，向下伸到耧脚，这是种子的通道。种子通过斜槽向下流，落到犁好的沟中。有一个弹性藤条环，用绳子系住，水平向后伸出，位置在耧脚后靠上一些（见图66和图68）。这个环的作用是，种子落下即把垄沟土盖上。汉朝初期，盖垄沟土仍是单独的一项劳作，要人用扫帚盖土，后来才用耧来完成。

　　为了使种子从装种斗中均匀地流出，有个机巧的结构，图67（并参照图68和图69）的描绘很好地给予了说明。装种斗有一通道，与分种斗相通。分种斗中挂着一块石头，拴石头的绳子一头绑在竹竿上，随着耧行摇晃。当农民扶耧播种时，借助把柄

图66　中国耧的后视图（见图65）

从一边到一边和缓地晃动，悬挂着的石头会摇晃，并且把前后的运动传给竹竿。竹竿半塞住从分种斗到连着的两个斜槽的通道。竹竿的作用是延迟种子的流动，并且按石头晃动的节奏，以相等时间交替地向左边（或右边）送种子进入左槽（或右槽）。

　　借助楔子，调整滑板（闸门）的位置，可以改变装种斗到分种斗通道的大小。种子闸门顶上有木楔子，在图69中可见。支撑悬挂石头的叉形杆，从图67可以看得更清楚。种子闸门一边有一个半圆形缺口，另一边开的缺口更大。要播小粒种子，闸门有小缺口的边朝下，对好装种斗的通道孔；要播大粒种子（如小麦、大麦），把闸门倒过来，大缺口的边朝下，用楔子固定，对好装种斗的通道孔。竹竿从装种斗穿过种子通道伸到分种斗。种子通道是个水平沟槽，通道中间的竹竿与将两个种子斜槽开口分开的隔板相配合。故当竹竿占据了通道沟槽一半时，就形成这样的情况：当悬挂的石头晃动竹竿，从一边到另一边时，竹竿将阻碍种子流动，并引导种子一会儿进入这个斜槽，一会儿进入另一个斜槽。

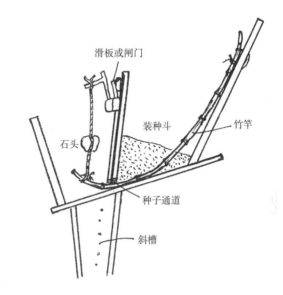

滑板或闸门

装种斗

竹竿

石头

种子通道

斜槽

图67
中国耧的撒种装置详图

图68
中国耧的后视图

照片中的耧已破旧，加了铁片修补，并用
一些绳子加固。从图中可见，圆木棒上套
有几股绳子，用以系在拉耧的牲口上。施
加的拉力靠近耧脚，便于破土。从图中清
楚可见，两个中空的木制盒式斜槽，从分
种斗向两个耧脚下斜，向后突出，高于盖
住耧脚的土层。图中还可见靠近土层的藤
条环，用于为播下的种子盖土。

图69　中国耧的耧斗

耧斗分成两部分。图中右：装种斗（大斗）用于装多量的种子。图中左：是分种斗（小斗），用来调节种子向两个种子斜槽的流动量。悬挂的石头起调节作用。从图上可以看到，石头晃动有弹性的阻塞物（竹竿），对两个斜槽交替进行阻塞。种子从装种斗通过闸门板底下的缺口进入分种斗（图中看不见），可以由移动闸门板上的楔子位置（可清楚看见在闸门板斜面上），调整缺口与通道的大小。

　　耧主要在北方用，适于播种小麦、大麦、谷子和高粱，种水稻不用。

　　我的父亲弗里茨·霍梅尔（Frith Hommel）博士，是德国慕尼黑大学的东方语言学教授，他给了我一些有趣的插图，如这里排印的图70和图71，这大约是公元前1300年巴比伦时代中期的作品。从这些插图我们看到，巴比伦有耧，比中国历史所记载的用耧的年代要早一千多年。

图70 巴比伦的耧

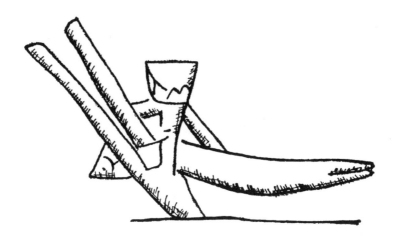

图71 巴比伦耧的另一种外观

插秧

　　水稻在播种前先要育秧，这个过程大约要花一周时间。用6斤未脱壳的稻种在冷水中浸泡24小时，然后连水带种子放进铁锅里，稍微加热，让种子有一定温度。接下来要用育秧苗的木桶（图72），桶底有个洞（直径约半英寸），在桶底铺一层稻草，把6斤稻种放到稻草上面，再铺一层稻草，再放上6斤浸泡过的稻种。一层一层地铺，直到木桶装满。桶里有6层稻种，共36斤，足够6亩稻田插秧用。把木桶放到屋里，盖上稻草，放置一天一夜。等长出一拨秧苗后，第二天一早把木桶提到水渠边，

图72
育秧桶

图73 秧马

往桶里灌水，水会由桶底的洞口慢慢地渗漏。桶在那里放置一天，晚上再继续往桶里灌水。这样持续四五天，秧苗就会全部长出，至少有一英寸长。这时把秧苗一层一层从桶里取出，临时集中到田间一角，然后把它们拿去插秧。十五六天后，这些秧苗就生长到足够可以分行插播了。将秧苗从田里取出，用稻草松散地扎成把，大约每亩田用60把秧苗。插秧开始，6棵秧苗为一撮，插到水田一个窝里，窝和窝的间距约6英寸。农民坐在一条腿的工具（中国习称"秧马"，见图73）上插秧。大约15天后进行施肥，一亩田要施8担[1]，用的是人的粪便。大约每隔5天农民要整一下田，连续

---

[1] 原文如此。1担等于100斤，一亩地施肥8担显然有误。——译注

三次以保持秧苗露在水面。直到稻子开花，田里总要有水，不能露出土壤。稻花只开3小时，之后开始结籽粒。开花3～4周后，稻子就成熟了。

图72的育秧桶，是一个普通木桶，竹条将桶板紧箍在一起，木桶底嵌在桶板开槽里。不算提把，桶高13英寸，顶部直径17英寸。由两块长桶板上端做成提把，距地面17英寸高。提把上开有方孔，穿孔部分比其他桶板高。桶底的洞直径约半英寸。

图73的"秧马"，座位面是平的，面积14英寸×5英寸，圆腿直径1.75英寸。腿上部末端为榫头，打入座位板与之相配的榫眼中。"秧马"16英寸高。这些资料和照片来自浙江省的慈城。

灌溉

　　中国南方广泛栽种水稻，大量的粮食生产要利用水利灌溉系统。平原大地上，水道河渠密如蛛网，农民用木式水车浇灌自己的田地。

　　田地通常分成1亩左右的小块，与水渠或小河靠近，在水边有放置水车的地方，通常选在树荫下。若田地离水源远，就要修建沟渠引水，有时沟渠迂回穿行，才能把水引来。

　　图74是立于河堤上的一架水车的外貌，背景中大的水平轮子的周圈是木齿（此处显示不太清楚），图75是它的近景。轮子水平安装在一个桩上，高于地面3英尺，在桩上面可以自由旋转。带有鞛（轮前横木）的圆木固定在轮子上（见图76）。牵引水车的牲畜被蒙住眼，拴鞛的绳子套在牲畜身上。牲畜绕着轮子外圈行走，拉动轮子。通过装有两个嵌齿轮（见图78）的轴杆，轮子的运动转换为沿长水槽的循环链运动。

图74　中国的畜力灌溉机械，木制链式水车（龙骨水车）

图75
从畜力水车上拆下的动力大轮

循环链很长，有76节，每节有一个矩形木刮板，刮板与水槽相配合。当刮板从水中露出时，前面会带上一些水，刮板在水槽中运动，推着水沿水槽上升到顶端，到那里水汇流入沟渠，沟渠与灌溉的田地相通。

从图74可以看到循环链的细节，全由木头制成，每节都有一块矩形板，10英寸×3.5英寸，厚0.1875英寸。板子用圆木销钉穿过中心连接，板子前面能推动一定量的水，在水槽内上升而不会落下。水槽全长15英尺10英寸，宽17英寸，中间高度为15英寸，尾部为22英寸。这些尺寸表明，水槽基本呈拱形，这种结构有利于稳固。

把水槽末端浸入水中，安在适当的地方，用绳子拴在插入河底的两根桩子上，并且用一个篓子罩住水槽末端，以防漂浮的异物进到槽里，缠住水车的刮板。

与76个水车刮板相配的水槽，其长度通常有从水源到坡顶那么长。多数农民还有另一种水槽，适于容纳100个刮板的水车。当水位较低时，原来的水槽不够长，就会启用这种长水槽。通常会把24个备用刮板挂到原来的水车上，再放到较长的应急用水

图76　中国畜力灌溉机械，单独放置的大轮

槽里。照片是在浙江省的新昌拍摄的。

图75中的大轮，由硬木制作，直径7英尺。轮毂由四根辐条支在中心，辐条从轮缘到轮毂用榫接方式。轮毂外直径为8英寸，长28英寸。纵向贯穿轮毂中心的轴孔，一端封闭（照片中面对读者的外端）。轴孔直径为4英寸，孔深为2英尺。在里边的一端（使用中较低的一端）为铁制筒状，以承接装轮子的枢轴。在轮毂轴孔底端开口处（图中看不见），包着枢轴，嵌有铁制套筒，长2英寸，直径4英寸，以防轴孔磨损变大。在轮毂侧壁上有四个明显的槽，大小为6.5英寸×2英寸，图上只显示出一个槽。如果夜间把轮子留在田里，用一把锁穿过轮毂的两个槽和枢轴上对应的槽中，这样轮子就不会从枢轴上被拿走。

如图76所示，轮毂的上端有一圈凹槽，拉水车的牲畜的牵鼻绳[1]就套在这里。

---

[1]牛有穿鼻绳，拉水车的若是驴或骡子，则为拴笼头的缰绳。——译注

这使得牲畜的头朝向轮子,绕着轮子不停地走,一连几小时,不用任何人牵引。在大轮外缘有一个木制挡头,顶住带槃(轮前横木)的圆木,圆木上开有与挡头契合的槽口,其位置见图76。圆木末端固定一个开槽的木块,木块正好夹在两根辐条之间。图78中是装有两个齿轮的轴杆,它将大轮的水平运动传递给垂直的齿轮(见左边),这样它就使循环链式水车转动起来。为了照相方便,我们把轴杆放在了地上。轴杆长8英尺10英寸,平均直径5英寸。齿轮在轴杆的位置,这段轴杆做成方形以与齿轮的方孔配合。轴杆两头的支撑比较细,采用铁套筒(长2英寸,直径2.75英寸),以防止磨损。轴杆左边较大的支撑(支撑架)上有一块滑板,开有油槽,做轴承用。滑板上有孔,用一根竹竿别住它,以确保运行到这一位置水车的链节展开。水车的链节绕过图78中左边的齿轮,如图77拍照所显示的那样。这个支撑架就像它的同伴,在右边有个孔,一个木钉穿过这个孔,打进地里,以保持两个支架的稳固。

图74至图78的畜力提水机械,也可以用人力驱动,即用人手来推动。用手推动时,水槽的上端装一个齿轮,齿轮的轴要延长,两边都伸出大约1英尺。在轴末端装两个曲柄,曲柄带孔,用榫接方式安装成相互垂直的形式。两个曲柄并不是以直角、刚性的运转方式工作,而是用手掌握并转动两个旋转木棒,木棒末端一侧固定木栓,木栓可以在曲柄末端的孔里自由转动,这样就使水槽的循环链运转起来。这种装置可由一个人两只手各执一个旋转木棒,也可由两人每人各执一个旋转木棒进行工作。图79显示了人工作的情形,照片是在浙江的查村拍摄的。

另一种方法是用脚的力量,使这种灌溉机械工作。在图81中可见这种情形(由于距离远,显示不太清楚),那里正在使用这一机械从泥水坑中车水。用脚车水的方法,在农业生产中有广泛应用。循环链在轴杆的齿轮上运转,轴杆由两根打入地里的木桩支撑。这些木桩是木架的一部分,用绳索把两根直杆和一根横木扎紧,以便劳作者站在上面,用脚蹬灌溉机械。在固定齿轮的横轴上,装有放射状的短木臂(或说脚蹬轮),为圆柱形的木件,从末端看似是木槌。通常有两组脚蹬轮,每组有四个浆状轮辐踏板,相互垂直安装。每组轮辐踏板由一个人使用,他的脚从一个踏板蹬向另一个踏板,以这种方式使得轴杆连续转动。对于长水槽的提水机械,轴上通常装三组脚蹬轮,这样三个人可以协力车水。劳动时,车水者将身子倚在木架的木杆上。可以想象,他们更多是用自己腿脚肌肉的力量,而不是靠身体重量去推动踏板。照片是在浙

图77 中国畜力灌溉机械，链式水车的链节与木制齿轮的啮合
照片显示了装在轴上的齿轮（见图78）与水车链节的调节。

图78 中国畜力灌溉机械，拆下来的轴杆上带有驱动链式水车的齿轮

图79
中国用手推动的
人力灌溉机械

江查村附近拍摄的。

还有一种方法，利用一种装置[1]也可以把水从河道引入田地。其工作原理与欧洲的"井边杆式吊水"一样（见图82）。把一根高约4英尺的木柱插在地里，在木柱端头固定一个水平木支架。支架上搁一根长木杆，使这根长杆可以在支架点左右转动，其方法是在长杆上插入一个木栓（与木杆长度方向成直角），长杆的尾部用草绳

---

[1] 中国古代称之为"桔槔"。——译注

图80　中国的人力灌溉机械

照片显示了一个脚踏水车，也称龙骨水车。照片摄于江西德安。

图81　中国用脚踏的人力灌溉机械

图82
中国的杆式提水机械（"桔槔"）

图83
中国杆式提水机械中
的木桶

拴一块重石。长杆的另一头拴提水的竹竿，竹竿下端有个圆孔，穿过圆孔固定木桶（见图83），固定的方法是利用安在桶口的带枢轴的木架。木架的木轴可以从它的两个垂直支撑中抽出来，也可装回去。这样，把竹竿下端放在两个支撑之间，使木轴穿过竹竿的圆孔，再装回去。

利用这种杆式提水机械，竹竿连同它末端的木桶，朝着水面向下，桶浸入水中，装满水后很容易提起来，因为满桶的水与长木杆另一头的石头重量大致相互平衡。就这样，木桶在河道与水渠间来回上下，把水倒入渠中。

木桶口沿有两个凸台，由两块桶板分别削制出来。凸台可以做木桶把手，便于倾斜木桶把水倒入渠中，流进田地灌溉。装水的木桶高18英寸，顶部直径13英寸。在木桶靠近口沿的里面，两块相对的桶板各削成一球形的凸台。在凸台下开的圆孔里，木架较低的横木可以转动，木架上的木轴把木桶装在竹竿上。照片是在浙江查村拍摄的。

施肥

　　中国农民几乎全是用人的粪便给田地施肥。粪便贮存在大陶缸里，与图60背景中显示的陶缸类似。陶缸可以在地面上放置，或者挖坑半埋，让缸口与地面相齐。后一种情况，通常在上面建有厕所。那些敞露的厕所，不适合妇女使用。为了妇女方便，在屋里放有带盖的木制马桶，使用过后，将马桶的粪便倒入屋外的陶缸中。

　　图84是盛粪便的木桶，木桶挂在竹扁担的两头，人用肩挑送到田地里。要在禾苗

图84
中国的施粪桶

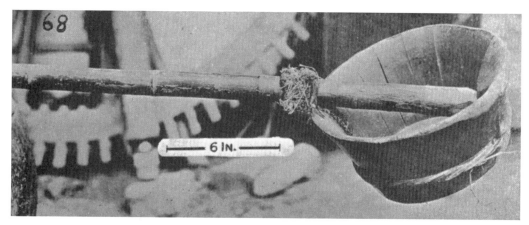

图85　中国的舀粪勺

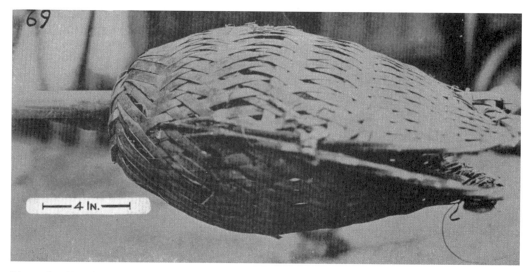

图86　中国的泥笌

露出水面并见到土时才施肥。施肥时，用长把勺子（见图85）从木桶里舀粪肥，向每窝秧苗上浇。粪桶快空的时候，农民把桶上的竹提环拉下，脚伸进提环踩住，使木桶倾斜，这样能用勺子把桶里的粪肥都舀出来。

　　另一种肥田的方法，是从河底挖出淤泥，铺撒到田地中。为取泥方便，使用一种叫泥笌的工具（见图86）。泥笌由竹篾编结而成，有嘴状的开口，两根木杆靠近泥笌底部相交，从那里相对嘴状开口顺着泥笌延伸。杆长约6英尺，做泥笌的把柄。将两个杆扳开或按到一起，就能使泥笌张开或闭合。泥笌张开闭合的作用原理与剪子、钳子相似，这使人想到，木杆是绕一个假想的轴转动，两根杆从泥笑的开孔上穿出，正好起到这种作用。两个把柄末端与泥笑嘴状开口的两个部分扎牢。这时，如果两个把柄的手端被相互握到一起，缚住泥笑开口的把柄末端也跟着动作，使泥笑闭合。反之，如果泥笑的开口绕假想的轴张开，也连带着把两个把柄分开，从而使泥笑张开。为了抓取河泥，将把柄扳开，使泥笑的开口张大。用这种方式，将装置推下水直到泥笑开口触到河底的软泥。先是泥笑开口嘴部被推到泥里，而后将先前扳开的两个把柄按到一起，于是泥笑闭合起来。再用把柄将装满泥的泥笑垂直地从水里提起来。为了使泥倒入木桶或直接倒进田地，把柄应扳开，使泥笑张开口，泥很容易掉出来，或根据需要把泥甩出。在较深的河道取泥，要用长杆的泥笑。泥倒入图84中的木桶。若田地邻近河道，泥也可直接倒进田里。

耖和磙子

田地犁过之后，地里满是松软的土块，很大的土块要用工具打碎。图87所示的耖，正适合这种用场。图中所示长方形框架的短直边（滑动框）上的四个孔，是连接挽绳用的，牲畜靠这些挽绳拉动耖。耖的滑动框有3英尺长，与两根横木联结。横木长6英尺9英寸，宽4.5英寸，厚3.5英寸，在它上面装有铁齿（此照片显示不太清楚），其中一根横木上钉有12个锻打的铁齿，另一根横木上钉有11个。这些铁齿在长方形框内伸出，其作用是，当拉动耖时，其铁齿可打碎土块。两根横木上的齿交错排列，可保证每个齿破土时不会重合。这些齿是扁平的刀状，这里显示的是窄边的外观。齿的平均尺寸为8英寸长，宽度从根部的2英寸逐渐变窄成钝尖，约0.1875英寸厚。这些刀状的齿本来一样厚，长期使用切割面使其磨成了利刃，感觉像是有意制成的。为了在滑动框底部固定刀片（照片中模糊可见），以防止耖的偏移，用尾部带叉的打进木块的卡钉固定位置。滑动框的刀片长8英寸，稍微向前弯曲，中间部分宽1.5英寸，厚为0.1875英寸。当使用耖时，农民站在木框架上压住耖，靠抓住绳子保持身体稳定，绳子是系到横木上的铁环上。照片是在浙江省新昌拍摄的。

在浙江省的天台山区，我们见过耖的使用，基本上与上述相同，只是耖的尺寸较小，带齿的横木大约5英尺长。有一点不同是，常见的全部刀形齿以及滑动框上的刀片，都是用一种细纹浅色木材制作的，这种木材非常硬。有时，仅一根横木（距离拉耙牲畜最远）上有齿，用硬木做成。我尚不能辨认这种木材。

图88中的耖，与前文所描述的耖不同，它带有把手，便于操作，并且可调节木齿切入土里的深浅度。这种耖的中心梁约5英尺长，装有19个木齿，其中两个齿是把手杆的延长部分。在梁上还用榫眼装有两根木杆（与木齿的角度不同），用于拴拉耙牲畜的挽绳。耖的中心梁顺着长度按一定间隔用细绳紧紧缠绕，起到加固作用，也防止齿的松动。制造这种耖，没用一点儿金属。

在耖过地之后，往地里灌水。为了使水彻底融于泥土，使用有四叉齿的叉子（叉子与木把成锐角联结），将田地再耖一遍，这样土块就少了。田地看上去像一个巨

图87　耖

图88　木齿耖

大的泥潭，最后再用磙子（见图89）把田地弄平滑。磙子由木框（长7英尺，宽3英尺）和磙轴组成，磙轴装在木框里，这是一个装有许多刀片的粗轴，如图所示，木制的轴长6英尺9英寸，直径3.25英寸。轴的两端在转动中起到支撑作用，因而直径减小为1.25英寸。为防止支撑轴磨损，装了直径1.5英寸的铁护套筒。支撑轴一端比另一端长些，以便装配。把长端的支撑轴推到框架右边的轴孔里，在这样的位置，就使短端的支撑轴和框架之间有了一定间隙，再把整个轴对准左边轴孔，直接推进去。此时带刀的碌轴两端的支撑轴，都可靠地安放在轴孔里。为防止碌子右移时左边的支撑轴脱离轴孔，导致碌子轴脱离框架，可把一个小木栓——图片上模糊可见用细绳子拴住的便是——装在轴端的槽里，把支撑轴关在轴孔里。碌子上有7排锻铁刀，铁刀平均6英寸长，中部约为1.5英寸宽，0.125英寸厚。刀刃两端是柄脚，被固定于木轴上。刀交错排列，因而7排刀中，有的位置仅能安一个较短的刀。为了便于把整个装置的运输，可以把装刀片的碌轴拆下，放到框架边框的两个顶端凹槽里（见图90）。

当拉碌子越过满是泥水的田地时，会使泥水四溅。为防止泥水飞溅到站在木框上的农民身上，可以将半圆形的竹编罩子的四角用木钉钉在木架上。在木架的边框上有四个孔，用来拴拉碌子的牲畜的挽绳，而连在木框顶端上面环里的绳子，是为了帮助农民在木架上站稳。两根细窄的木条（图片中模糊可见），钉在横框的外边缘上，这是为了防止农民站在上面时滑落泥水中。照片是在浙江省新昌拍摄的。

图89　碡子

图90　碡子

图片显示中国耖地用的装有刀的碡子轴，为运送时方便拆下而暂时放到边框顶部凹槽的情形。

耕作工具

三种小锄

当稻子成熟时，田里需要开水沟，以便把水排掉，使田地变干，为进行收割做准备。为了这一目的，就要用到图91中所示的锄头A。这种锄头有特殊的凹形口，它与图93中的工具有联系。使用这种锄头时，右手握住锄把，左手抓稻子，将稻子拢到一边。这种锄头的把长19英寸，金属部分长11英寸，宽2.25英寸，厚0.1875英寸。

图91中的锄头B主要用于栽种薯类作物。秋天，马铃薯收获之后，选一些马铃薯埋到地里过冬。到了春天，埋在地里的马铃薯每个会生出10～15个带芽眼的气根，芽眼的间距约有1～2英寸。将这些马铃薯切成小块，使每小块上都有一个芽眼。用

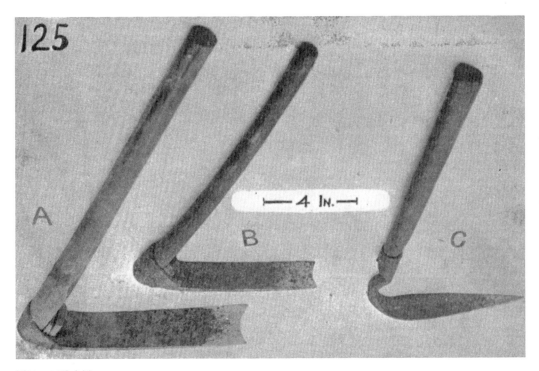

图91　三种小锄

图91所示的锄头B在地里刨出一个坑，把马铃薯块放进坑里，使芽垂直朝上，再覆上土。在点种玉米和大豆时，也用这种锄头刨坑。这种锄头的金属部分长8英寸，宽1.5英寸，把长14.5英寸。

图91中的锄头C是介于锄头和泥刀的一种工具，可在点种瓜、豆时使用。刀身从刀尖到弯处约为7英寸，最大宽度为1.5英寸。如图所示，刀身中间一段里边较宽的部分是刀刃，最厚部分的厚度为0.25英寸。刀把12英寸长，装进金属弯曲部分形成的套筒承窝里（直径为1英寸）。这种工具是用铁锻造而成。照片是在浙江省的西岙拍摄的。

锹

图92中右边的锹看起来像是铸造的，但它实实在在是锻制的。从承窝口到切刃口长19英寸。锹板长11.25英寸，宽5.25英寸。为增加锹的板面强度，在它的上边中部有一道脊（如图上所见），而它下边的部分十分平滑。沿着那道脊，锹板厚约0.625

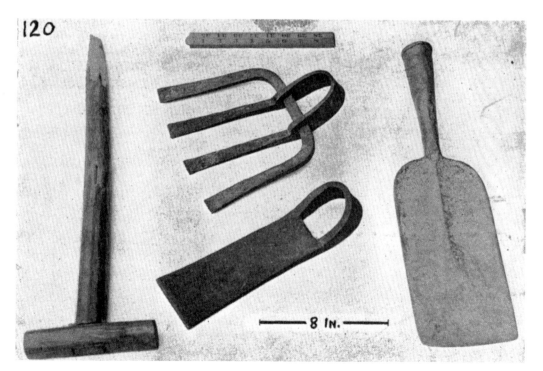

图92 中国锹（图右）、镢头（图中下）和耙子

英寸，而在边缘处厚约0.375英寸。如图92所示，金属承窝有很结实的壁，而木把是撞进去的。木把长21英寸，直径1.25英寸。木把的上端有一个短横把，开有方形榫眼，木把末端相应的榫头紧紧插入榫眼。榫接是中国人的一种特殊手艺，他们利用榫眼和榫头间的摩擦力，使两块木头紧紧地结合在一起，无须楔子或钉子穿过榫眼和榫头外围的木料。同样的，木头部分与金属承窝口的结合，也不用靠钉子穿入金属和木料加固。

锹这种工具主要用在改灌溉沟渠，或开挖新沟渠，也用于在犁耕不到的地边挖土，其他用途则不是太多。另外当需要挖深坑时，如移植树木挖树根，或挖掉树桩时，也用到锹。锹要用脚来蹬，这样脚上就得穿结实些的鞋子。中国的农民经常赤脚在田里劳作，他们当然不会长时间用脚蹬锹了。实际上中国人没有广泛地使用锹，这或许也是一种原因[1]。当用锹干活时，中国农民就得用长把上端的横把，用手握住它施力。相比之下，欧洲农民是靠穿着结实鞋子的脚蹬锹用力。

镢头

图92中的工具，是在中国常见的镢头。其把为木杆，长约5英尺，装入镢头的孔眼中，用楔子固定牢。从图93中可见，镢头锻铁造的部分与把柄之间形成一个角度。[2]图92中的镢头，长11.25英寸，刃口处宽3.25英寸，镢头身靠近孔眼处厚半英寸，而向刃口处逐渐变薄，镢头孔眼处的金属厚为0.375英寸。孔眼不是圆形，一个方向为3英寸，而另一个方向为2英寸，可以把直径约2英寸的木把插进去（为使镢头木把安装牢固，沿着3英寸的长度方向，要楔入木楔）。这里所说的镢头刃口是直边，而图93所示的镢头角已磨成凸形。在山区多石的土地上，所用镢头的刃口与在没有石头的田地相比，磨损要快得多。因而山区农民把镢头刃口做成凹形，以此来减缓镢头的磨损。这样做的理由是，凹形刃口被磨成凸形，要比直边刃口磨成凸形的时间长得多。

镢头是农民最常用的一种工具。在第一次犁过田地之后，用镢头敲碎田地里那些

[1] 原文如此。实际中国各地用锹的情况不一。——译注
[2] 图93右边的工具与图92中的工具并不相同，而更像中国一些地区使用的扁镐。——译注

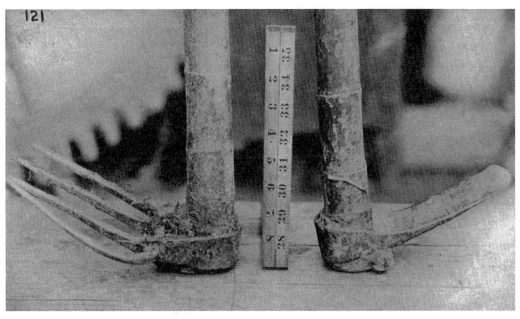

图93　中国的镢头和耙子

图92中是另外的器具样品。本图展示的是在多石土地里用的镢头，其刃口部磨成了凸形。照片摄自浙江省的新昌。

大的土块，之后用镢头来做田垄，以在田垄上种小麦或蔬菜，或者除草，或者在幼苗旁边挖坑、上粪肥，等等。

耙子

其形状见图92，图的左边附有它的把手[1]。耙子用锻铁打造，里边的两个叉齿为一体，形成一个环。一根金属条穿过两个叉齿上的孔，使之弯曲形成外边的两个叉齿，同时穿入的金属条与里边的两个叉齿围成一个孔，用来装耙的把柄。把柄通常用粗竹竿，如图93（图中左边）所示，约5英尺长。叉齿长9.5英寸，耙子宽9.5英寸。叉齿末端是扁平状，宽1英寸。耙子是在田地犁过第二遍后，用来平整地面的。图92是在上海老城拍摄的。

---

[1] 原文如此。耙子的长柄端一般不带短横木，文中所说的这种把柄结构实际是用于锹。——译注

两齿锄

在图92和图93中，已看到四个叉齿的耙子。在图94中，可见两个叉齿的耙子，由于叉齿粗大，形似鹤嘴，在中国某些地区也叫鹤嘴锄。这种工具主要用在山区的土地，尤适于深刨硬土。工具的金属部分长11英寸，两个齿尖距离4英寸。构成一个窝的半圆形后背宽3英寸。一个重铁块被铆固在背后处，以形成装把的孔窝，木把长3英尺8英寸。使用这种短把的工具，人得弯下身子。照片是在江西省的建昌拍摄的。

点播器

这件工具是一个锥形石头装上木把（见图95），它可能早在三千多年前就有了。当点播蔬菜、豆类和小麦等作物时，用它在地里做成坑下种。图95是在浙江省的新昌拍摄的。这件工具从石头端到把手长为2英尺8英寸，木把手安装在石头的圆孔窝里。

小麦在中国的南方和中部种植很少。据我们的了解，小麦是利用点播工具播种的作物之一，小麦不是把种子撒播到田地里，而是把种子放到用点播器掘出的小坑里。当然，种稻子则不用点播器，而是用手栽的方式栽种稻秧，因为秧苗很容易插到湿泥里面。

在把点播器从刚掘成的坑里提起之前，拿住木把将工具扭动一下，这样可以减少附在上面的黏土，而且还可使掘出的坑壁的土不塌下来，所掘的坑最小深度要保证作物幼苗或种子放进去。在用点播器时，掘坑的土地都是刚耕作过的，土壤很松软。

铁叉

图96的这件工具更能说明，在中国，像这样的农具，宁可认为是多用途的，也不能说它专做某用，特别是在铁匮乏的情况下，中国人做事尽可能使一件工具多用。西方人称这样的叉为"草叉"（专用来运草），在中国，运干草属于辅助性工作，故不说"草叉"，其实这种铁叉是用来运稻草的。中国的稻草很多，稻子是主要农作物，在中国南方每年可收两季甚至三季。

在中国北方，叉是用曲木制作的，关于这一点有如下记载证明："在山东省莱阳附近，有一种虫蜡树（也叫蜡树），生长茂盛，木质坚硬。当地人用这种木材做各种器物。为了适合用途，人们在小树成长时就弄弯它，使之按照所希望的形状成长，由

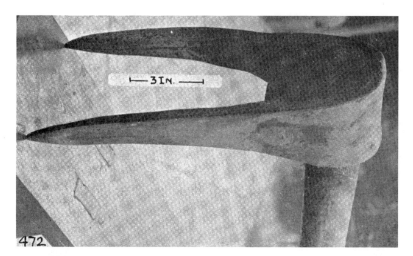

图94　两齿锄（鹤嘴锄）

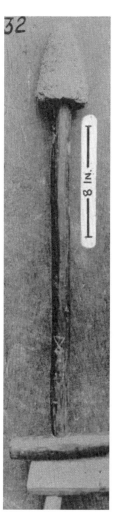

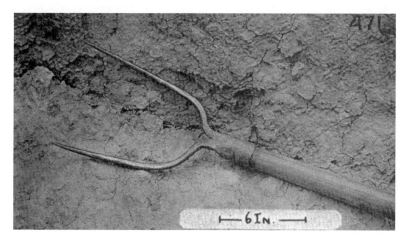

图96　铁叉　　　　　　　　　　　　　　　　　　　　图95　点播器

此就做出最佳的草叉，整个一体，适合农用；也做成骡子用的驮架（驮运货物），筐子的提手、拐杖和其他有用的物品。小树在成长过程中，经过修剪和绑缚，使之自然分叉，这样制成天然的草叉，既坚牢又实用，用不着切削或用钉子固定。"[1]

　　对于以上描述，我可以再做些补充。小树在成长中是做过嫁接的，以便在没有叉

[1] 引自A.威廉：《中国北方游历》，伦敦，1870年。

的地方做出叉来，绑扎需要保留的部分，生长1~2年后，强制的选型部分就逐渐变得自然。我曾见过用来制作犁的曲辕的树干仍在生长中，但却用绳子绑成需要的弯度。当地的农民说，过上几年，这个树干就长到足够做犁辕用了。

铁叉的照片，是我在离浙江沙河5里远的一个农家拍的。叉的锻铁部分，从窝端到尖头长14英寸，两叉齿尖间距为7.5英寸。

手耙

在有些种稻子的地区使用（图97）手耙，照片是在浙江省的西岙拍摄的。我们到过浙江省的其他地区，并没有见过这种手耙。后来又到江苏省的一些地区，发现当地人对这种工具很熟悉。

手耙的木框架最宽部分为6英寸，长12英寸。大铁钉穿过框架，从木头中伸出约1.125英寸，延伸出的尖头被敲弯钉牢。单根手柄长约9英尺，手柄末端插进框架最短的横木上的孔里，并穿过一个木块上的孔——这个木块榫接在框架相对靠后的横木上——手柄在此与框架平面成适当的角度向上延伸。手柄穿过木孔处用木楔牢牢固定。

在稻田里按行插秧，每个窝里共有6棵秧苗。稻子间有了杂草，要及时拔除，用脚把它踩到泥深处[1]，而后用手耙将稻子间的泥土弄平整。使用手耙时双手像拿一般的耙子，握着手柄在稻子间前后来回拉动。

刮子

图98所示的刮子，与手耙有紧密的联系。两者的用途相同，都是在灌水的稻田里平整稻子间的土地。拔出的杂草，或者用脚把它踩到泥深处，或者将它扔到田埂上，之后用刮子，在稻子之间再次平整泥土。在不同的地区，刮子的形制不同，它的木把长约5英尺，木把的下半部分被裂成两半，末端距离最大。在叉开的两个端头装有金属箍，以防端头劈裂。木把分叉的两个末端，被插进这一工具的筒窝里，图上显示得

---

[1] 为使杂草不再生长，要踩入泥深处。如果离地边近，则把拔出的草扔到田埂上晒死。——译注

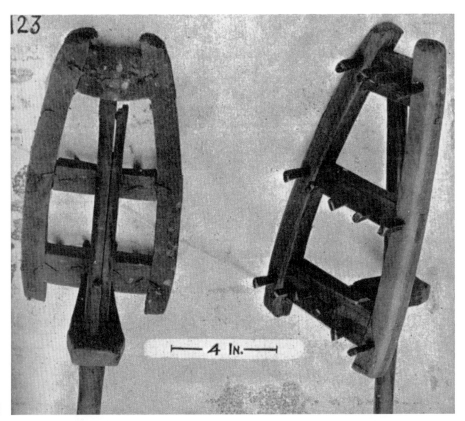

图97
中国的手耙

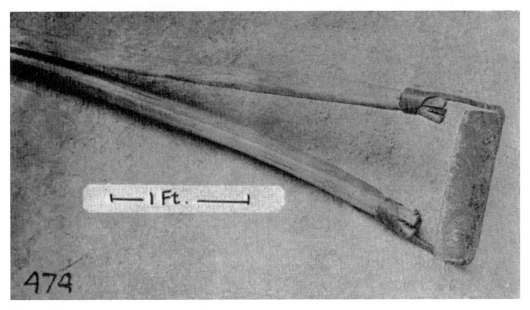

图98　刮子

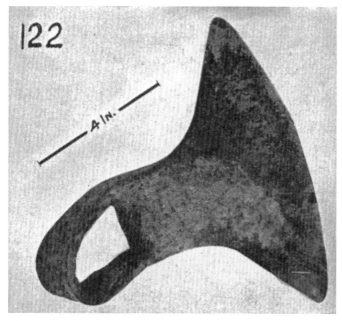

图99
中国的草锄

很清楚。刮子的铁刀身长13.25英寸。照片是在安徽省的三河拍摄的，这里是安徽北部著名的产稻地区。

草锄

　　图99中的锻铁草锄[1]，是原始锄的一种改进。这种锄，所开的孔眼和安装把手的方式，以及锄体和木柄间的角度，都跟原始的锄一样，只是锄体向外压平成板状，像一个宽边斧子，且刃口锐利。在套种蔬菜和其他栽培作物（如小麦、棉花、蓝靛等）的田间除草，农民更愿使用这种工具，而不愿用手拔。使用这种工具时，农民手握锄把，俯身向前，使锄刃贴近地面向后拉，并逐步向前移动。锄掉的草不用收集，留在地面，会晒干枯死。这种草锄的把，大多数为5英尺左右长。从锄刃边到孔眼间的距离为4.625英寸，刃口两尖角的直线距离为8.25英寸。锄板厚为0.375英寸，向刃口方向逐渐变薄。照片是在上海老城拍摄的。

---

[1] 有的地区也称为板锄。——译注

齿耙

　　我曾长时间费力寻找中国的齿耙，几乎要形成这样的结论了——这里没有齿耙。然而，事实是有的。图100和图101中是一种带铁齿的耙，还有一种带木齿的耙。我最终在安徽省的北部地区发现了在广泛使用的齿耙，我在那里拍摄了照片。安徽省北部地区多种植水稻，所以使用钉齿耙除草比较常见。带铁齿的齿耙（见图100），有

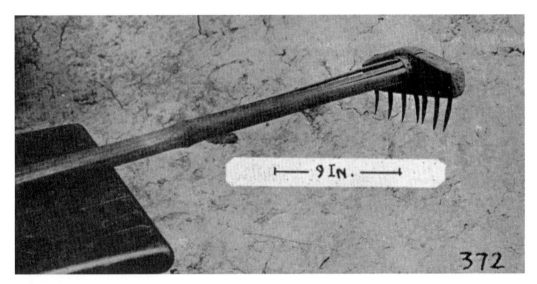

图100　中国的铁齿齿耙

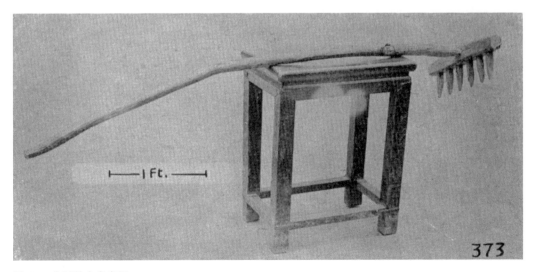

图101　中国的木齿齿耙

一个长把，其末端有一个木制的横块，木块上有钻孔，铁齿打入孔内，齿尖从上面露出，被敲弯钉牢。带木齿的齿耙（见图101）具有相同的结构，但耙齿是嵌入凿出的方形暗榫眼内。支撑耙齿的框架由软木做成，而耙齿用的却是密质硬木。

竹耙

竹耙（见图102）的照片摄于安徽，对于产竹子的大多数省份来说，竹耙十分普遍。近年，有市场意识的日本人向中国输入这类东西，现在任何杂货商店里都可以买到。不过，这里的齿耙更原始，也展示了对竹子令人惊奇的应用。除了用竹篾缠绕的似柳条编织品的横带外（以把耙齿固定在适当分开的位置），整个工具的长把和齿系用一根竹子制作而成。把一根竹子的前端劈开，形成6个分叉，在分叉处用竹篾缠绕固定，以防它们再裂开。借助火烤，把叉的末端弄弯，做成齿耙的弯齿。这样的结构富有弹性，也极适用于在稻子脱粒后把稻秸耙开。在秋天，可以看到许多小孩拿着耙子，挎着筐，去收集枯叶和小树枝，做柴火用。

在中国北方的山东省，竹子不适宜生长，类似于竹耙的耙子是用一种中国虫蜡树的枝干做成的，关于这种树前面已有述及。

镰刀

图103显示了在浙江省使用的三种镰刀，照片是在宁波附近的慈城拍摄的。图中的A是用于收割稻子的细齿镰刀。刀身从刀把到刀尖的直线距离为6.25英寸，其平均宽度为0.875英寸，刀背的厚度约为0.0625英寸。刀身的一端变窄做成柄脚，插入粗糙的木把中，露出的柄脚尖被敲弯钉牢。刀口的细齿是用錾子錾出的，刀体为锻铁。图中的B镰刀，用于割草，也是锻铁造的。刀身长5英寸，从最宽处2.25英寸起逐渐变窄至刀尖。该刀背厚度约为0.125英寸。刀身的延长部分弯成一个套筒（或窝），镰刀的就把装在这里边。图中C镰刀用于割蒲草。浙江地区的蒲草非常多，用于做草帽和编织草席（编草席要用麻纤维做经线）。锻铁做成的刀身长10英寸，宽2英寸。它的刀背有一条凸脊，有利于增加强度。凸脊通常是在沿刀背长度的3/4处。装刀把的窝，其制作方法和B镰刀一样。在浙江省一些多山和多林的地区，C镰刀用于从树上割树枝，以用作柴火。

图102　竹耙

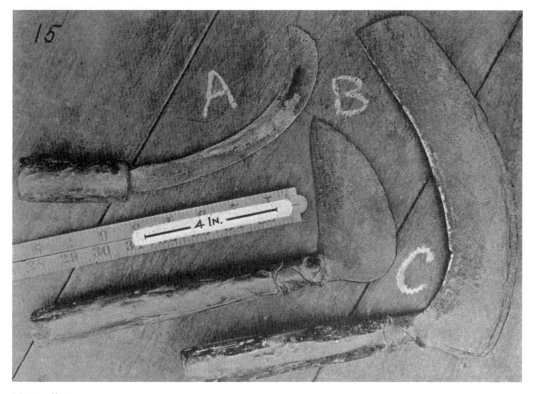

图103　镰刀

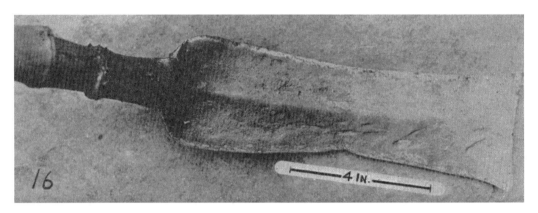

图104　大镰刀

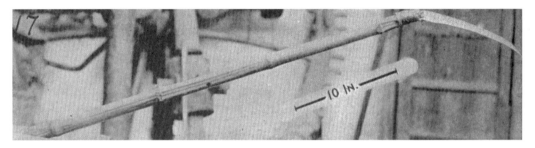

图105　长柄大镰刀

长柄大镰刀

　　这是我所见到的与长柄大镰刀最接近的工具，图104中的是不带柄的大镰刀。这里补充图105，与其说是为显示刀的长柄，不如说是为显示刀体和长柄之间的角度。长柄是一根竹竿，长约5英尺。这种工具用于割苜蓿类的植物。苜蓿煮熟了像蔬菜，可以食用。从植物学的描述可知，它开黄色花，像是一种伞形科植物[1]。

　　大镰刀的刀身是用一块铁锻造的。一端做成一个套筒或窝，刀把是用一根竹竿装在套筒里的。刀身的前段好似双刃剑。刀身正面的中部有道凸脊，其厚度约0.25英寸，在靠近刀把处减小；靠近刀身前端凸脊消失。刀身的背部没有凸脊。从一侧看刀体（见图105），稍微有点弯。从镰刀套筒到刀尖，其直线长度为12英寸。

[1] 我后来发现，这种植物是黄芪属苜蓿，学名为"Medicago astragalus"。

图106
农民用长柄大镰刀割苜蓿

　　图106显示了一位农民用长柄大镰刀割苜蓿的情形。镰刀挥动割下的一束苜蓿，被扬起的刀身带到空中，随着刀身翻转向下准备再次割取时，苜蓿就落到了地上。用长柄大镰刀收割黄花苜蓿似乎是次要的，从在浙江省不同地区的观察而知，为了喂牛，这一带也大量种植红花苜蓿，同样用这种长柄大镰刀收割。照片拍摄于浙江省新昌。

打谷和扬谷

在浙江省宁波周围富饶的地区，河道水网构成了灌溉良田，全部都用来种植水稻。田地通常分成一亩一块。水稻按行栽种，每个窝里插6棵秧苗。收割稻子用细齿镰刀，收割和打谷（脱粒）紧密联系进行。当稻子完全熟了，准备收割时，农民带着镰刀进入稻田，同时也把脱粒箱准备好。农民一次把6束稻子（每束由6棵稻子组成）割下，放到地上。当田地里的稻子都割完，随之开始脱粒打稻。脱粒箱（见图107）放到田里，两位打谷的农民各取一捆稻子（由6束稻子计36棵组成），对着脱粒箱的木框（见图108和图109）摔打9次或10次。由于这种摔打的作用，谷粒从穗子上纷纷脱落，掉进脱粒箱里。打谷的农民自己并没有意识到，他们对着脱粒箱摔打稻子的

图107
脱粒箱

确切次数。当问到他们时，得到的回答是打谷要到所有的稻粒脱掉为止。但由实际的计数得知，某些农民总是将稻子摔打10次，而有些人总是9次。随着脱粒劳动连续进行，脱粒箱在田地里也不断向前移动，直到散布在田地里的稻子全都完成脱粒。当脱粒箱大约装到一半时，用舀子将谷粒舀出，装到一个方形大竹筐里。

图107是一个带有木框的脱粒箱（图上看不见木框），装有围挡，以避免稻粒落到木箱的外边。围挡是由竹篾条编织的席子做的，席子上用藤条绑了几根直立的竹竿作支撑。席子顶端的宽是6英尺6英寸，而底下周长为8英尺。

图108是脱粒箱的木条框，对着它摔打稻子进行脱粒。木条框的总体尺寸是：顶端长3英尺7英寸，底部长1英尺9英寸，高2英尺4英寸。中心的木棒上开有槽，嵌着拱曲状的木条，木条在中间部位朝上拱起。框架的各部分靠榫接安装在一起，并用竹钉穿过榫眼和榫头，以便加固。木条有0.5英寸厚，约2.5英寸宽，其两端的尖头插进边框的圆孔里。框架是软木做的，有3英寸厚，而木条和中心木棒是一种硬木。中心

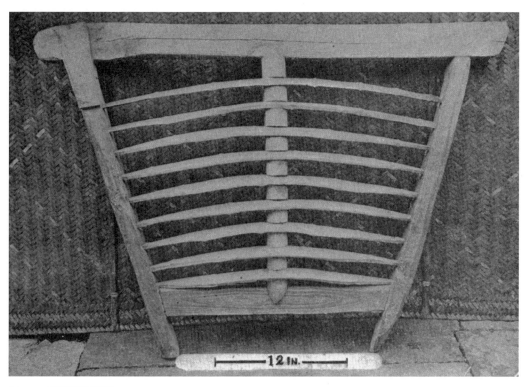

图108　脱粒用的框架

木棒选用天然曲木。木材弄弯的技艺我不太了解，我知道只要是竹子，中国人就懂得如何弄弯它——在木柴烧的火上加热，边烤边弯。

图109的木制脱粒箱，由四个倾斜的侧壁和底座组成。两边的侧壁，在它们外边缘上用半圆肋木加强，穿过这两条肋木凿出榫眼，榫眼中插进由另两个侧壁凸出来的榫头。上边的榫头比其他的榫头要宽些长些，同时也用作整个脱粒箱的提把，以便在田地里抬着走或拖动它。为了拖动方便，在脱粒箱底部加了两个滑动木条。在前面底座边缘的一个，从图上能看到。滑动木条的尺寸为2英尺8英寸×2英寸×1英寸，它们被竹钉钉在底座上，使脱粒箱搁在上面。滑动木条的窄边（1英寸的边）朝向地面。

滑动架的方向与脱粒箱的框架成适当角度，构成滑动架的两根木条间的距离为2英尺。在图109中，在脱粒箱正对着我们的侧壁上，装有一根硬木条，木条在紧靠侧壁的一面开了凹槽，由此形成一个孔，可以穿进绳子。在脱粒箱的另一面，也有相同的结构。两边的绳子拴成套，一根竹竿穿过绳套，两头放到两人肩上，可以抬起脱粒箱走。脱粒箱是方形的，顶端边长为3英尺，底部边长为2英尺6英寸，高为2英尺4英寸。木板厚度为1英寸。

以上所述是常用的打谷方法。通常围挡放在木箱中，我也见过其他的打谷方式，只用围挡，不用脱粒箱。围挡支在很大的竹席上，席子上收集被打下的稻粒。

为了进行比较，我要提到日本人用的一种脱粒装置。使用这种装置，日本人使稻子穗头通过装在框架上的金属梳齿，拉动过程中谷粒会掉下来，正好落到放在框架下面的筐里。这种原理在古代已经用到，如古希腊学者普林尼所描述的，为了直接从田地里的稻子上收获谷粒，用牛拉大车或手推二轮车安装脱粒装置。在美国宾夕法尼亚州巴克斯地区，直到1860年，那里的日耳曼人仍在使用一种与之类似的装置，叫"苜蓿脱种机"。在1732年瑞士的一个出版物中，谈到弗劳修斯·佩列特（Fraucois Pellet）和他妻子的一些事情，佩列特是圣利斯耶（欧博纳）[St. Lisre（Aubonne）]的一位农民，他发明了收获苜蓿种子的机械。如果我们怀疑苜蓿收获机械是这些普通人发明的，那么也有理由认为，宾夕法尼亚州巴克斯地区的"收获机"并不是源于美国，而是由欧洲引进的。在澳大利亚，有一种叫"脱粒机"的机械，这种机械能使竖立在田地中的谷物穗头脱粒。很可能他们所使用的机械的原理，与普林尼所描述的

图109　中国的脱粒箱（不带围挡）

图110　正在使用的中国脱粒箱
照片中的两位农民在脱粒箱前对着木框架用力摔打收割的稻子以进行脱粒。

装置的原理相同，而且，从亚麻、高粱等农作物上剥下果实粒所用的麻梳（或金属梳），也与德国黑森林地区用来收获黑莓所用的机械相同。

一般来说，中国的稻谷脱粒是用如上所述的方式进行。然而，在许多种水稻的地区，由于土地贫瘠，稻子长得不高，用前所述的方法脱粒不是很有效。如在上海郊区，长得不高的水稻便使用连枷（图111）脱粒。连枷的打击部分由6根竹棍组成，每根长21英寸，截面为方形，每边0.625英寸，6根竹棍被三道横木用猪皮条扎紧排列

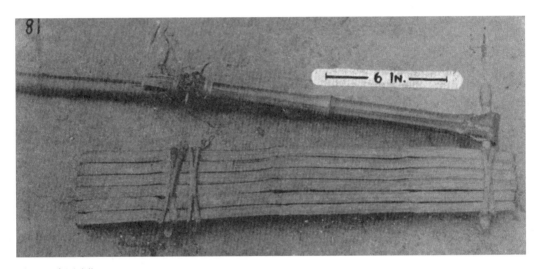

图111　中国连枷

图112　中国连枷
中距观察（与图111中的连枷相同）。

在一起。猪皮条预先在水里泡过，在皮条的两端各切出一个狭缝，然后将这些皮条的狭缝钩住横木的端头。皮条变干后会收缩，这样就把6根竹棍紧密地排在一起。处于打击部分尾部的横木，有一端延伸出3.5英寸，其端头做成球结，在这个延伸部分套上连枷把柄端的环。连枷的把柄是竹竿，长5英寸，直径1英寸。将竹竿前部削去一块内囊，留下竹皮弯成一个环，横木延伸出的短轴就在这个环里转动。在用连枷向下拍打时，它应扬起到能让扎在横木上的皮条拉开的位置，再落下到要脱粒的谷物上。用连枷脱粒通常是在农户的场院里进行，这种场院铺有石板。连枷在上海周围地区的使用并不广泛，在那里我们只在一个农户家看到过。

提供信息的人告诉我们，这种连枷用于生长受到影响的低质稻（如上所述）脱粒，另外也用于晒干的小麦和豆荚脱粒。我们的照片是在上海附近的曹家渡拍摄的。

在浙江省一些地方，有时见到用洗衣服的木棒槌（见图280）敲打成熟的油菜花，以取出菜籽。而在其他省份，则是用连枷。但我在浙江到过的地区问当地人，他们并不知道连枷。

和若干本地农民一块儿打谷劳动，不由得想起我们听惯了的欧洲农民用连枷打谷的节奏。打连枷时，不管中国人是多还是少，当停歇下来时，总会有个人比同伴们慢一拍，这会产生一种特殊的声音，好似一声重响后伴随的微弱回音。

在汉语里，有人把连枷叫"噼啪木"，这个词含有用木头产生打击声响的节奏。这容易使人联想到为收获用连枷进行有节奏的打谷，还有在北方小麦产区跟连枷类似的工具。

在江西省的沙河，我见到并拍摄了另一种类型的连枷（图113）。它的把长5英尺9英寸，8根竹棍装在一块木板的榫眼里，木板长7.25英寸。竹棍长25英寸，约半英寸宽，用绳子把竹棍上边和它们之间交错地分开绑固，如图所示。

在安徽省北部，在主要栽种稻子的地区，收割、脱粒和扬谷的整个过程是在田里进行的。大约一亩的田地，稻子割下后把地弄平，用石磙子（见图114）压平，再经太阳晒，场地烘得像晒干的土坯那样硬，这块田地就成了一个理想的打谷场。

图114中的石磙子长25英寸，直径9.75英寸，套着磙子的木框长32英寸，宽18英寸。两根短木棍的一端榫接在木框上，而另一端分别伸入磙子两头的窝洞里，这两根短木棍充当磙子的轴，磙子两边的窝洞各有3英寸深。木框用扭绞的绳子——借一

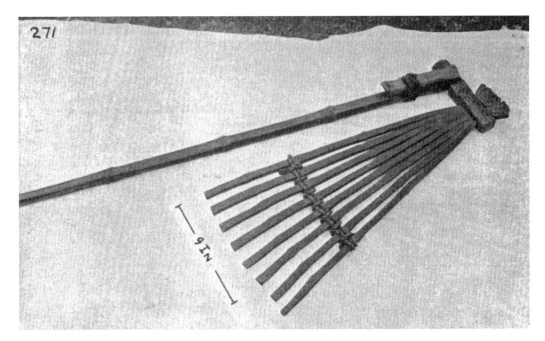

图113　中国连枷

图114　户外打谷场的压平碌子

图115
脱粒用石磙子

根短木棒进行扭绞——固定在一起，跟锯子木框的固定方法相同。磙子通体一般粗，在拖着它绕圈滚动时，为使它容易转弯，在牲畜身上的挽绳拴到磙子木框上的那端要偏离中间，如图看到的那样，这样磙子就能走环形轨迹。照片是在江西省的沙河附近拍摄的。

将作物摊开，磙子被牛拉着在上面碾压，如图115所示。需要说明的是，照片中打谷场里碾压的不是稻子，而是一种可以榨油的作物，但脱粒的方法与稻子相同。磙子样式有不同，用于压平场地的磙子的表面是光滑的，而实际打谷用的磙子的表面常常做成波纹棱状，图116提供了一个实例。有时，石磙子的形状是有锥度的圆柱体，这样就很容易让它在要碾压的作物上走圆圈。图115至图117是在安徽省巢县北部拍摄的。

在脱粒后，把松散的作物秆收集起来，留下的谷粒、糠秕及草屑，用扬谷木锨（见图117）扬到空中，风会把一些糠秕、草屑吹开。为进一步清出谷粒，双手把粗筛子端高，使劲晃动，谷粒通过筛子在空中落下，由于风的作用，就把谷粒和混在一起的糠秕、草屑分开了。

图118至图121所描述的扬谷不用木锨来做。实际上，对我们提及的安徽地区所

图116 中国的脱粒磙子

图片中是一个农家屋前有波纹棱的石磙子。可以看到在桌子后面挂的一件衣服在风中摇晃。背景里的夯土墙由于雨水的冲刷已蚀痕斑斑。在墙的较高处，有几个待风干的牛粪饼，以用作燃料。照片是在距安徽省三河5里的一个农家拍摄的。

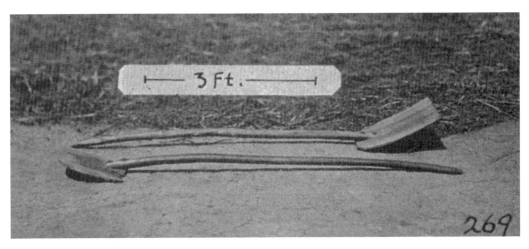

图117 扬谷木锨

图118
扇车（扬谷机械）

用的扬谷木锨，在浙江并不为人所熟悉。我们没能说服安徽当地农民，拍到用图117
的工具扬谷的情景，最后他们只同意拍些没有人物的，即牛拉碌子和扬谷木锨的静物
照片。

　　在安徽巢县北部地区，我们发现了一个奇特的村落，那里保留的传统与中国的主
流传统不合。我们注意到当地的妇女没有裹脚。[1]我们欣喜地看到，健康的赤脚妇
女在田地里劳动，她们身穿蓝色土布裤子，裤腿挽到膝盖上，短白色的褂子盖过臀部
一点，头上戴着蓝色或白色的布头巾，额前露出些头发。

　　图118所示的扇车[2]是扬谷用的机械，由四根柱子（形成四只腿）构成支架，
在上面放置扇车。扇车的车身被一个长方形通道（截面为13英寸×11英寸）明显分

---

[1]20世纪二三十年代，受封建社会习俗的影响，中国许多地方的妇女仍然被迫裹脚。小脚妇女是难以
在田地里劳动的。——译注
[2]在不同地区也称风扇车、风车、扬扇、扬谷机等。——译注

隔成前后两室。后面的隔室（风扇隔室），里边看着像一个躺着的鼓筒，装有风扇轮，轮上有四片扇叶，榫接在方形轮轴上。在这个隔室的两侧，各开了一个圆洞，直径11英寸，以便吸入空气。从图118中可以看到一个圆洞（在摇柄的位置），另一个圆洞相应地开在对面。用摇柄转动风扇，空气吹进另一个隔室，这个隔室前边朝外敞开，在外面挂有竹编罩笼，罩笼下边敞口。罩笼会使风扇吹起的气流转向下，使吹出的糠秕和草屑落到扇车出口下面。在扇车的顶端有一个木制的漏斗，其底部是一个长方形开口（启门口），长9英寸，宽2英寸。带糠秕的谷粒装入漏斗流下，通过下部的启门口（与漏斗口相对应），进入气流通道。拧动一个木片即活门（启门），可以改变启门口的大小或者把它关上。启门紧靠启门口的下边，由启门边缘的延长部分插入扇车两边壁板来固定。在图118中可以模模糊糊看到，启门一边的延长部分延伸出扇车的外壁板，并且有一根竹棒与之成直角插入它的末端。在扇车一条腿的上半部外侧开有许多槽口，竹棒可以放入不同的开槽位置，由此调节谷粒的流量。当这根竹棒放在水平位置时，在漏斗下的启门口就关闭起来。在扇车边上的斜槽（出谷口）从风扇隔室的左侧壁板里面伸出，正安在谷粒从漏斗流下来的通道下面。挨着这个出谷口的左边，在扇车底部也开一个出谷口[1]。

　　使用扇车时，先往漏斗里装满带糠秕的谷粒，由人转动摇把使风扇旋转，让谷粒从漏斗下的启门口隙缝中流下来。谷粒通过由风扇摇动的气流，轻些的糠秕被吹到竹罩笼内，而竹罩挂在紧靠扇车的敞口尾部，这样糠秕便落到竹罩下面的筐子里。完好而重些的谷粒（好米）不受气流的影响，直接从漏斗的正下方落下，掉到出谷口，从出谷口滑进靠近扇车的筐里（图上没有显示出来）。小些的谷粒和那些轻重介于好米和糠秕之间的杂米，被风吹得横向偏离垂直下落的路线，落不到出谷口里，便通过前述的靠近出谷口左边、在扇车内部空间底部的开口（即第二出谷口），落到铺在地面的席子上。

　　扇车的高度从脚底到漏斗顶部是5英尺2英寸，长4英尺3英寸，宽18英寸。风扇轮直径2英尺4英寸，方形轴的两端为圆柱形，直径为半英寸，摇把与轮轴一端连接，

图119
筛子

如图118所示。这种扇车适用于脱粒过的、脱壳过的、磨过的稻粒。扇车全用木头制作而成。

　　贫穷的农民，不可能花钱购置图118所示扇车这样的奢侈品，他们使用古老的扬谷方法，使糠秕从脱粒谷物中分离。在有风天，一个人端起装满谷物的筛子（图119所示一类），上下晃动，把筛子里的谷物颠起，风会吹走糠秕、草渣，而谷粒笔直地落入一个浅筐里，筐的直径约4英尺，边缘高约9英寸。另一个农民用类似于图120所示但较小的簸箕，从大筐里（见图62背景中的筐）里撮出一定量的谷粒，填满筛子[1]。当筛子被颠了一番后，会逐渐变空。

　　图119所示的筛子是用劈开的竹篾条编织成的，它的边缘用藤条绑牢。簸箕的网孔平均是0.1875英寸见方，整个筛子直径为21.5英寸。

---

　　[1]专用于撮东西的簸箕，也称撮箕、撮子。——译注

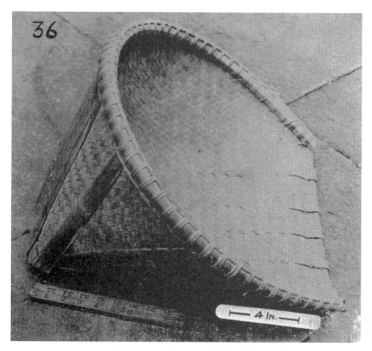

图120
扬谷用的簸箕

图121
扬谷用的粗筛

图122
扬谷用的细筛子
这种筛子由竹篾编织成，用藤条绑扎边缘。其直径21.5英寸。网眼为正方形，平均0.125英寸见方。

　　如图120所显示的簸箕，大概是农家所用的扬谷工具中最大的。农民有成套这样的簸箕，大小不同，一个可以套入另一个。通常，一套这样的簸箕有6只。图中的这只簸箕后背高1英尺，它的前端开口，横向尺寸为15英寸。该簸箕是用劈开的竹篾条编织成的，并用藤条缠绕边缘绑牢。竹子弯曲一般不超过90度，角度过大容易折裂，这也是用藤条绑扎边缘的原因。较厚的竹片，如图120用作簸箕的肋条，要利用火炙烤加工，火可以使竹纤维变软，随意弯曲它而不会折断。当竹子冷却下来，它们将保持已被弯曲的形状。若没有长把木锨，便用所说的簸箕来代替装运谷粒。如我对图117所示的扬谷木锨的描述那样，簸箕是意外的发现，并且仅在安徽省的个别地区有。

　　对已经脱粒但还未脱壳的稻谷，处理过程有一些不同。这里要用到一种如图121所示的大筛眼的筛子（粗筛）。一个人双手端着粗筛，另一个人踩在一个小凳子上（约有1.5英尺高），把一满簸箕的稻谷向筛子里倒入。随着筛子的上下簸动，谷粒漏过筛眼，而碎稻草秆被挡在网眼上。操作时，端筛子的人要使筛子保持在一定高度，以便快速运动的谷粒能够充分利用风。这种粗筛的网眼都是等边三角形，其大小

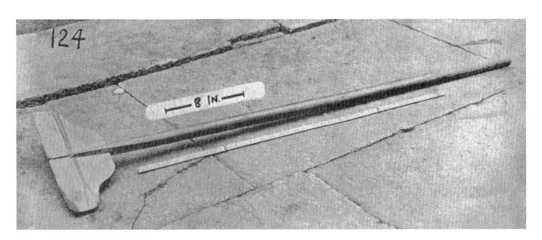

图123 摊晒谷物用的木刮子

约0.75英寸。这种筛子全是由劈开的竹篾片编织成的，其直径为22英寸。关于脱粒的稻谷与脱壳的稻谷之间的区别，我将在描述稻子脱壳时结合图143至图150细讲。这里有关扬谷的照片，都是在浙江省新昌拍摄的。

　　谷物（如稻子和小麦）在收割、脱粒和扬谷之后，倾倒在铺在场地的竹席上，用木刮子（见图123）将谷粒摊开，使粮食在太阳下晒干，而后装进麻袋，或准备卖，或放到木柜里贮存，以供家庭食用。[1] 木刮板是松木的，13英寸长，最宽处为5.5英寸，0.625英寸厚。木刮板的中间开有一个沟槽，刮板的底部比顶部宽，像割出的鸟尾形，刮板长把的下端切口与刮板的沟槽相适应，可使刮板紧紧地装在长把上，这种固定不用胶也不用钉子。

---

[1] 实际粮食常保存于用竹篾、芦苇等编成的席箔围起的囤子里，装得多且利于透气。——译注

马铃薯

在中国，广泛地种植薯类作物，如芋（Colocasia）、山药（Dioscorea）和甘薯（Ipomoea batatas）等，其中最重要的是土豆，即美国人所说的马铃薯。据G. A. 斯图亚特的《中国药物学》（G. A. Stuart, *Chinese Materia Medica*, 1911, Shanghai）一书介绍，在中国辽代（907—923兴盛），人们已经认识并食用马铃薯。那时把马铃薯叫作"土芋"（"地根"的意思）。这种土芋想必已消逝不见了，因为晚近时代，兴起"洋薯"一名，用于指外来的块茎作物。至少在中国东部地区，按照某些传教士的说法，它是被外国人重新引进的。

在江西九江和南昌之间的一些地区，栽培和食用的马铃薯就是芋头。芋头不像稻子和小麦种在大块田地里，而是像种蔬菜一样，在路旁、小沟边等不规则、不太大的地里都可以种植。

图124　装芋头的篓子

　　图124是一种很少见的篓子，用来放收获的芋头。使用这种工具有两个明确的目的，一是把芋头从地里带回家，二是方便洗芋头。妇女们常常取出并用篓子凑齐供一两餐用的芋头，将篓子扛在肩上，用手紧扶住那根木杆，走到最近的小河或水塘边。她们一手拿住篓子的杆子，另一只手抓住系在篓子上的绳子，把篓子连芋头一起浸入水中，使劲地来回摇晃，直到芋头上的泥土洗掉，干净得好像用刷子刷过一样。之后把芋头带回家，准备好做饭用。

　　篓子带杆子，加起来长5英尺8英寸，篓子直径14英寸，长25英寸。篓子杆是一根带杈的松树干，去皮后弄光滑，并在末端留下枝杈。用枝杈当作篓子的肋条，用竹篾条围绕这些枝杈编成篓子。篓子一边有一个方形开口，用来装芋头。照片是在江西的沙河拍摄的，这个篓子属于当地的一位青年农民，他给我们做向导。

剪枝

在浙江与江西看到的一样，每到深秋，树叶凋零之际，有一种树，通常种在路边，或长在运河和河流的堤岸，它的每个小枝头上都结着白色的果实，这种树就是乌桕油脂树，或叫中国乌桕[1]，在中国中南部地区普遍可见。乌桕的果实有三个果仁，覆有白色的植物油脂。在江西省德安附近，我注意观看了农民用钩镰（见图125）从乌桕树上割下带果实的小树枝。这种钩镰的铁质部分为凹形刀刃，连接套筒，装有14英尺长的竹竿。使用钩镰时，举起竹竿对准小树枝猛地向上一推，小树枝在锐利的刀刃下很容易被切下来。钩镰的刀身最宽处为5.75英寸，从弯曲处到刀尖的距离为5.25英寸。

从乌桕果实里分离油脂，就其本身而言已成为一种行业，我将在本书其他章节加以叙述。[2]这种植物油脂广泛地用于制作蜡烛，就是在佛教寺院里见到的那种，用植物油脂代替动物油脂来做。照片是在江西省德安西边几里远的一个地方拍摄的。

在江西德安的那次旅行中，一个观察为我们提供了一个很好的例证——如某人所说——使用最原始的方法，可比一种很先进的发明。为了从很高的（高得令人惊奇）树上采集干树枝，当地人并不用剪枝的钩镰。我们碰到一些男孩正在干这种差事，他们身上带着长绳子，绳子的一头拴着一块小石头。用这种方法采树枝，动作之灵巧可靠，让我们大为惊讶。只见一个男孩左手拿着盘成圈的绳子，对准看好的目标，右手抛出石头，向上扔出大约30英尺，超过看准的干树枝。[3]紧接着，他猛地一抖留在手中的绳子，就这样，蹿升的绳子那端（即系有石头的一端）缠绕在干树枝上。随之男孩使劲拽绳子，干树枝断开，坠落下来。整个过程如此利落，手法如此稳妥，使我

---

[1] 又名桕树、蜡子树、木油树、木蜡树、木梓树等。乌桕因乌喜食而得名。——译注
[2] 见第四章的《制作蜡烛》。——译注
[3] 抛出石头的瞬间，左手松开绳圈，绳子随石头急速上升。——译注

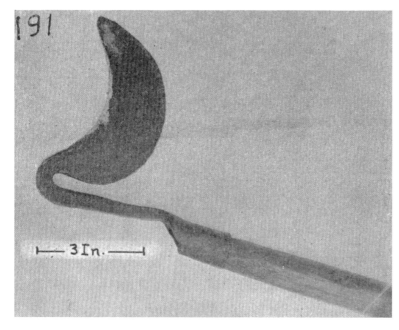

图125
剪枝用的钩镰

们看得发呆，不觉看了好长一段时间。那男孩继续干活，一根一根的干树枝落下，从没有失手。这种采树枝的方法对我来说十分新鲜，我的翻译也有同感。后来在中国其他地方，我再没有见过这种情景。

水磨

图126是一个上射式水轮，轮子直径约为5英尺，轮轴直径6英寸。轮轴放置在一个横梁上，用紧靠的挡头加木楔限定其转动的位置。为了减少摩擦产生的损耗，通过竹子制的小水槽，[1] 从主水门把水引到搁在横梁上旋转的轮轴的上方，起到润滑作用。在轮子和轴承架之间的轮轴上安有钩杆[2]，用于操纵碓槌（在图126中看不见）。凸耳是用长约4英尺厚实的木板，穿过轴上的开槽构成，在轴的每边伸出约1.5英尺。当轮子转动时，每转一圈，凸耳使碓槌抬起和落下两次。图128中的是碓槌的另一端。

水门处有一个闸门，用放在水门上边的竹竿做杠杆（图126中可见），可以在棚屋里将闸门提起来，掌控水量。水轮轴的另一端延伸至盖瓦顶的小屋。在那里，水轮轴在另一个木头支撑上（图上看不见）旋转。那里同样用一个小的水喷嘴注水润滑，水也是从水门通过竹制的水槽流到那里。水轮轴延伸到第二个支撑外还要伸出一点，在它的末端装有木轮。木轮直径约3英尺，周边有轮牙。这个立式木轮的轮牙与相似的一个水平转动的木轮（卧轮）的轮牙啮合，卧轮轴即为石磨的主轴，如图127所示。

石磨轴是一根圆木柱，垂直地安在水平的托梁（举梁）上，向上穿过石磨的底扇，即图中显示的两扇磨石中下面的那扇（在工作时不转动）。石磨轴的上部做成方形，以与可转动的磨石（即两扇磨石中上面的那扇）的方形孔相配合。为了保持可转动的磨石在磨轴上的位置不变，在方形轴和方孔边之间加木楔固定。托梁可以抬高或降低，以改变两扇磨石之间的距离。调整托梁的方法是，在支撑磨石的框架立柱上开有垂直的槽，托梁的端头搁在槽口里，该槽口比承受托梁端头所需的槽口要长些，留

---

[1] 把竹子顺纵向劈开，处理好中间的节，即成简单的水槽。图中的白色部分为水槽，拍摄效果不太好。——译注

[2] 中国习称"凸耳"。——译注

图126　磨坊的上射式水轮

出的空间以便直接在托梁下打木楔，从而将托梁抬高。当托梁抬高时，放在托梁上的竖直磨轴，连同可转动的磨石一起升高，故两扇磨石之间距离增加。图129很好地显示了这种结构安排，以及水轮轴上的立式轮把运动传递给石磨轴的卧轮。

　　图127所示的石磨，直径26英寸。在可转动的磨石上，离开轴心位置有一个洞眼，用来注入待研磨的谷物。石磨下面的磨石放在木台上不动，而石磨轴穿过下边磨石的圆孔只带动上面的磨石旋转。圆孔被填起，以阻止研磨的谷物漏出。在研磨过程中，磨碎的微粒从磨石外缘的缝隙掉下，落到平台上。所描述的这种石磨常用来加工小麦。

　　图128所示的碓槌用来杵舂米，它与图155所描述的上下摆动的杵作用相似。碓槌头是装在木棒上的一块硬石头，长约3英尺。当不工作时，碓槌的末端用绳子吊在屋顶椽子上。地面石臼的口很干净，直径有20英寸，里面用来放要舂的稻谷。

　　图129所示的托梁，是水平放置的原木，端头插进框架立柱下部的槽口，位于图

片的前景中部，而卧轮在图片的后景。带有卧轮的石磨轴竖立在水轮轴端的后面（参见对图126的描述）。石磨轴穿过石磨的中心，但由于镜头的关系，看上去石磨轴偏离了位置，显得比实际更靠近观察者。

　　在一个磨坊里，我看到过一个大木槽，木槽里装着筛米面用的摇罗，它距石磨太近，甚至都显得有些不便。图130是去掉木槽的摇罗，木槽本身只是一个长方形盒子，高2.5英尺，宽3英尺，长7英尺。木槽的两个长边沿上有凿口，以装配摇罗的横臂（枢轴），摇罗可绕枢轴小幅度摇晃。在图130的右边，框架向上延伸的部分是摇

图127
一家水转磨坊的石磨

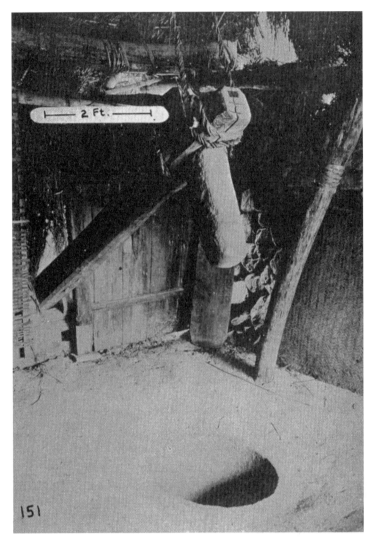

图128
一家磨坊舂米的碓槌

动摇罗的把手，方形或更确切地说是长方形盒子，中间有一横杆作为把手，盒子里以细纱布作底。小麦磨碎后倒入盒子里，摇动摇罗，面粉就被筛出来。

当我在浙江省的一个小村庄外拍摄这个磨坊的照片时，从村子里涌出来一群人把我团团围住，他们对拍照表现出反感。直到我派人到村子里征得磨坊主的同意我才拍照，但其他信息却完全不能得到。

一位传教士给我讲过一个叫"筛谷坊"的磨坊，它恰如其名，磨坊有一个长形筛，筛子用拴在顶棚的细绳吊在一个木制浅盘的上方，一位年轻女子一边照看石磨，

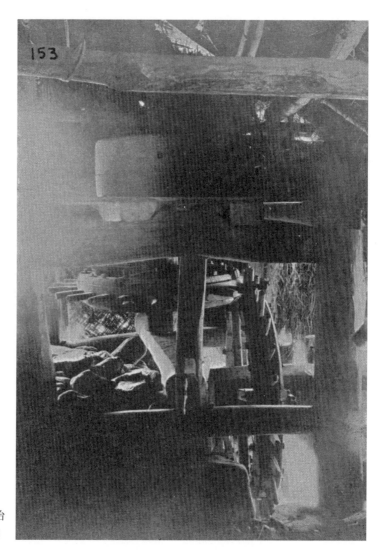

图129
一家磨坊中的托梁装置，用它抬高或降低上扇磨石（转动磨石）

一边做着些活儿。这一信息给了我启示：也许我在这里讲述的筛谷设备，谅必用的是与这位传教士说的相同的方式。设备处在紧靠磨坊的一个不方便的角落——如果想象用手来工作，显然是不方便——按这一思路，上述情况便很容易解释。上扇磨石的周圈有许多孔洞，洞里插有木棒。当磨石转动时，木棒每次经过筛谷设备，都会突然推它一下。

　　流行的观念认为，中国的普遍食物是大米，但是在很多地区并不是这样。在中国北方，小麦和小米占据优势，小麦制成面粉也好了解。图131中是一个筛面箱，具有

图130　一家磨坊用的筛面粉的手罗

使筛子摇动的装置。这个筛面箱形同一个大木盒，它的上半部分一边敞开（见图），在筛过面粉后，敞开的一边用帘子盖好。箱子里悬有一个木头的筛子框，用绳子吊在箱子上部的框架上。摇动装置与筛子木框刚性地连接，由相互平行、紧靠在一起的（如图所示）两根木臂组成，它们穿过箱子左边的槽口，水平地伸出来。两个木臂朝外的一端，用两个十字销钉连在一起。在操作时，夹在两个十字销钉之间有一木杆（从放在地面上的踏板块向上伸出来）会来回摆动。踏板块是一个圆形大木块，长约30英寸，搁在用黏土铺成的地面上。从这个大木块左边末端的一个榫眼，竖起上面提及的那根摆动木杆；从大木块的第二个榫眼中，穿过脚踏用的木板，两边各伸出约9英寸，伸出部分即为脚踏板。人操作时，两只脚分开站在两边脚踏板上，先用一只脚后用另一只脚，交替地向下踩，这样就使那根竖直木杆在摇动装置的十字销钉间来回运动，并使这一运动传递给在筛面箱里与摇动装置相连的筛子。人双脚踩在脚踏板上时，手抓住从天棚上用两段绳子吊着的呈水平状的木棒，以保持身体的平衡。在图

图131 筛面粉

131中那根竖直摆杆上开有两个长缝，与这一结构没构成任何联系，不过它的形态表明，它可能曾经起过某些作用，或许是手推车车筐的一部分。[1] 摆杆上面的部分不断来回运动，并且随着每用脚踩一次踏板，这部分撞击到摇动装置水平臂上的一个或另一个十字销钉，就会出现一次特殊的咔嗒声，同时会突然摇动一下筛子；而对于筛面来说，筛子的这种摇动是必需的。从图中可见，在筛面箱前的地面上立着一个木制量具（或容器），用它可以从筛子下面的空间舀出面粉。通过筛面箱最右边的一个拉门，可以到达筛子下面的这个空间。筛面箱半开口的边，其表面高度（从地面到敞口围栏边）约为30英寸。这一照片是在江西省的临江拍摄的。

图132是下射式水车轮，这个磨坊里只有一个碓碓。从图中可以清楚地看到，在

---

[1]实际是在不影响木杆强度的前提下，工匠用以减轻木杆自重的一种经验做法。——译注

图132
一家磨坊的下射式水轮

轮轴支撑和轮子之间，凸耳垂直伸出来。图中的轮轴支撑因所处位置较高，没有用从水门引入水流的方式保持润滑。不过，借助简单和巧妙的设计可以使它润滑。从固定轮子的中心部位开始，围着轮轴的表面开一条螺旋式的槽，直到轮轴的支撑处。当轮子运转时，水会从轮子顶端不断地滴落到轮轴上，轮轴上的螺旋槽接住一些落水，水便沿着这条槽流到支撑处。图中的轮子直径7英尺，轮轴直径为13英寸。图126至图130以及图132是在浙江省内拍摄的。

榨油

油菜花是一种与古代油菜属紧密联系的作物，其植物学名Brassicarapa。在浙江省奉化地区，每年的1月播种油菜花种子。

油菜花生长得很快，三四月份，它的根部长出嫩叶，割下来可以当菜吃。油菜花主茎能长到两三英尺高，开出黄色的花。到4月末，菜籽结荚成熟，便可以采摘。这时节的种子仍是绿色的，要在平底铁锅里稍微炒一下，使外壳干燥易碎，再用短木棒或是家庭洗衣用的棒槌敲打，这样就可获得菜籽，卖给油坊老板。油菜花的根拔出来晒干可做燃料，而田地腾出来准备种稻子。

从油菜籽榨出的油叫菜籽油，可用于烹饪。在西方煤油传入中国之前，由于菜籽油的价格最便宜，所以中国人普遍用它来点灯照明。

油坊采用油菜花的菜籽作为天然的榨油原料。由于浙江本地的作坊榨油用的是相当原始的方法，而这些年随着现代的榨油设备和进口煤油的引进，导致传统照明用油的需求降低，使得油坊的生意持续减少，收入也跟着下降。这样一来，任何外国人要想看油坊并拍照片了解有关情况，受到油坊主的怀疑就不足为奇了。在浙江省新昌附近的李沟村，我们参观了一家油坊，并且也拍了照片，由于当地人的敌对态度，只拍了几张。不过，关于榨油的过程，我还是获得一些事实资料。

将收获的菜籽倒入平底铁锅中（所用的锅与图215中的铁锅相似）。放锅的炉灶有30英寸高，由砖块砌成，在灶台上开有圆口，锅就放在这里。将稻秸送入炉膛烧火，火焰达不到铁锅底，但能够烧到锅底近旁的黏土。以这种方式加热菜籽，不断翻动使其变干，而不要烘烤。然后把菜籽取出，准备放入一个大的圆形槽道里（见图133）。从图中可以看到，槽道里有一个笨重的石磙子，就用这个石磙子来碾压菜籽。

图133中碾压的槽道和石磙子原是油坊的一部分，这家油坊靠近新昌，今已弃之不用。槽道结构和石磙子与李沟村油坊所用的完全相同，但后者是在一个棚子里，光线很暗，不适合拍照。现在看到的槽道边缘直径为16英尺，槽道口宽13英寸，槽道

图133　榨油磨（碌子）

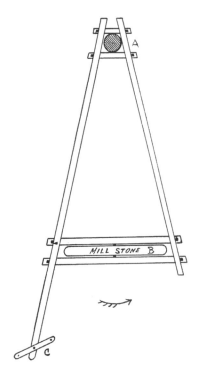

图134　油坊用石碌子木框架结构示意图
A中心柱；B磨石（碌子）；C牵牲畜用
的摇杆。

图135　榨油用的槽道刮板

中心竖立的石柱高3英尺4英寸，顶端和底部都为方形。石柱中间部位是圆柱形，其直径为7英寸，连接石礤子的木架就围绕这个中心部位转动。石礤子厚为5英寸，直径为4英尺9英寸，礤子轴采用坚硬木料，方形短木棒穿过礤子中心，在礤子两边都凸出来，凸出的部分做成圆形，以在围住礤子的框架的孔里转动。框架的结构可从示意图中看出（见图134）。

图133所示的石礤子，在菜籽上面滚过时，抵着槽道的壁碾压菜籽。用图135中的拖板或刮板，从槽道壁上把压碎粘连的菜籽刮下，再推到槽道底部继续碾压。

拖板的十字木（见图135）贴在槽道边，有19英寸长。拖板与槽道相配合，其顶端宽为11英寸。拖板的结构很简单，各部分只是用榫接到一起，完全不用胶。中国一般的细木工做器物，都不用胶。制造家具，木工将小麦面筋与石灰混合起来用；抹船缝是将桐油与石灰混合起来用。

在菜籽被充分碾压之后，用木锨（见图136）铲出来，装到一个类似于放谷物的大筐里。

木锨长22英寸（不带把柄），而槽道宽7英寸。5英尺长的把柄插入木锨板末端的承窝里，用销钉穿入木杆和木锨，将把柄固定。木锨的形状与榨油槽道吻合，这就能使它妥当地把碾压过的菜籽从槽道里清出来。之后将铲出的菜籽与切成1英寸长的

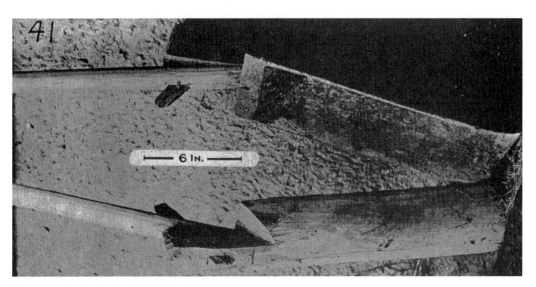

图136　中国油坊用于清理槽道菜籽的两只木锨

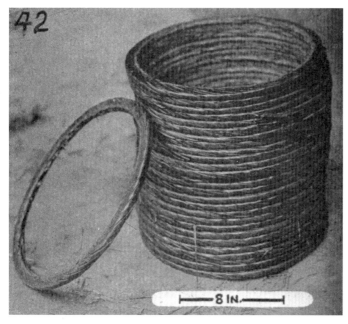

图137

中国压榨机下用来装碾压过的菜籽的圆筒竹圈

稻草混合在一起，这样做的目的是把原料黏结紧，以免压成油饼后裂开。图137中是一个用竹篾扭成圆圈叠成的圆筒。把一块木板放在桌子上，一个竹圈放到这个板子上，竹圈里铺一层稻草，在稻草上放进碾压成粉末状的菜籽，用力压实使之充满竹圈。之后在上面再放一个竹圈，重复以上的操作。最后的结果是：许多竹圈构成一个圆筒，里面填满一层层由稻草隔开的粉末状的菜籽。

图137中的圆筒，是由许多个竹篾扭成的竹圈组成。竹圈外径15.25英寸，粗细为半英寸。

图138中的压榨机，由一根原木（确切说是由两根原木卡在一起）在上面粗开出一个槽而成。槽向上敞开，在原木底部有一条与长度方向平行的窄缝。圆筒状的筐顶端敞开，实际是由50多个竹圈组成，竹圈里都填满了粉状的菜籽。将装满菜籽的圆筒横放在压榨机上，抵住原木开槽的一端，直接排布在窄缝的正上方。一个大木块（图上看不清楚）——用于承受压力——紧靠在装菜籽圆筒的另一端，盖住它整个敞口。余下的空间，用三排小木块塞满。小木块形状如图138中放在压榨机前的那种。将几个长木楔用一个铁环套住头部，而后用大锤将它们打进小木块间。当油徐徐流出后，压力作用逐渐减弱，就再打入另一个木楔，使之保持压力。放在压榨机顶上的大锤，

十分引人注目，它是用石头做的，这很能说明某些中国人的顽固保守性，他们不愿主动更新在这种特殊行业里大概已用了千年之久的工具。

随着用石锤将木楔打到位，柔韧竹圈构成的装菜籽的圆筒被压缩，而油不断地渗出，通过原木底部的窄缝流进压榨机下的槽里，再从这里流到压榨机前的桶里。图138清楚地显示了一个大石锤，而在图139里有一个长27英寸的木楔。菜籽原料一般要经压榨机压榨一昼夜。

图139显示了压榨机工作的细节。最后一个打入的木楔没有完全到位。过了一昼夜后，压力作用消退，木楔也松了。这时候一个工人选准一个木楔击打，使木楔松动。取出在竹圈里形成的菜籽渣油饼，把它们堆放成堆，以待运到外地去喂牛或做肥料。

图139中的压榨机已塞进装满菜籽的竹筒，而且已打入木楔。在图的左边可以看到，两个木楔伸出压榨机本体外边一点。两根掏空的树干，用几个大木销钉固定在一起，构成了压榨机本体，压榨机长12英尺。图133是在浙江新昌附近拍摄的。图135至图139是在离新昌不远的李沟村拍摄的。

在江西省，榨油的过程与在浙江看到的完全相似，不过所用的压榨机有很大区别。我结合所拍的照片做具体说明。在浙江，木楔是用石锤直立地打进压榨机；而在江西，打木楔不是用锤子，而是用包铁头的摆动撞槌（类似于古代攻城用的撞车），

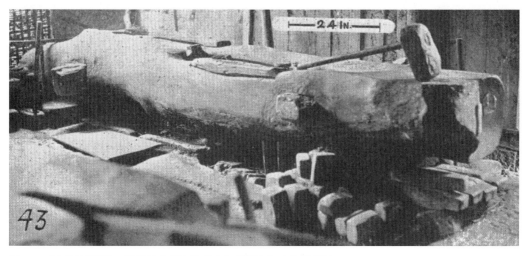

图138　中国的压榨机。可见放在顶上的带木把的用来打木楔的石锤

图139 工作中的压榨机

图140 油坊的压榨机

图141　中国压榨机中用来打木楔的摆动撞槌
从图中可见，将木楔打入压榨机的摆动撞槌，由从四根支柱构成的框架的顶上垂下的绳子悬挂。工作时，几个工人握住撞槌，把它搬到水平位置，再用力向木楔撞击。撞头上是包铁的。

横向撞击。图140是一台江西工作中的典型压榨机，它是一个掏空的树干，开有长槽，开口在边上，并穿透树干。装碾压菜籽的圈是熟铁做的，从图可见有一组这种圈放在压榨机前。为了在铁圈里填满碾压过的菜籽，将铁圈平放到地上，在里面按径向辐射的方式铺稻草，稻草末端要伸到圈外。而后将粉末状而且通常是蒸过的菜籽，用一个量具式容器盛过后再倒进圈里。这些容器是用木头做的，呈截锥台形[1]。从图142可见，前景中一行有三个这种容器。工人用脚踩填入铁圈的菜籽，使之更密实。而后将伸出圈外的稻草对折，盖住铁圈，这样就形成一个由铁圈围起的扁圆包，其厚

---

[1] 即中国民间用的斗。——译注

图142　压榨机（已打入木楔）

度大约是铁圈大小的两倍。装好的各铁圈包通过开槽口从侧边放入压榨机里，直立着摆放，就像是许多车轮圈挨个挤在一个主道里。将这些铁圈包放好后，通过槽口水平地插进多个木块，将槽中余下的空间塞满，而后从侧边将木楔打进木块之间，以达到压榨粉状菜籽的目的。

　　图142是另外一个打入木楔的压榨机。在压榨机的原木内，位于塞满菜籽的铁圈包的下边，沿着底部的油槽有一个孔，榨出的油就从这个孔滴落到立在压榨机下面的容器里。图141是在江西省的樟树拍摄的，其他照片是在江西省德安附近的三个油坊拍摄的。

手磨（砻）

图143所描述的手磨[1]，是给没有牲畜拉畜力磨的农民使用的。用这种磨在家里加工少量的稻谷比较方便，省去了用大型的畜力磨产生的麻烦。

手磨安放在有四条腿的架子上，其中两条腿比另外两条腿高一些，该架子一边高为9.5英寸，另一边为8英寸。架子看上去像英文字母H，磨的长度为22.5英寸，宽度为19英寸。磨盘是木头做的，而不是用石头。磨盘在架子上，抵住两个短腿伸出的榫头。由于下扇磨盘的下面垫有麻袋布，使得因架子腿长短不同而产生的倾斜更为增大。

两扇磨盘分别由6块松木组成，圆盘中部的空间呈六角形，外表整体处理为圆形，再用竹篾围绕磨盘缠紧，就像在木桶外围加箍一样。在两个松木盘之间，相对的磨盘表面布满了辐射形的磨齿。下部的磨盘直径25英寸，高5英寸。这扇磨盘的六角形空间（从一角到一角的距离为14.5英寸）用一个尺寸相宜的木盖紧紧盖好，木盖板的厚度约为1英寸。在木盖板的中心插有一个带锥度的木棒，木棒的底部直径2英寸，顶端直径1.5英寸。这个木棒延伸到盖板下面，在磨盘的底部用一根木条（15英寸×3英寸×1英寸）固定。固定的方式是，木条横插在磨盘底部的六角形孔里，穿过盖板的木棒的尾端削成方形，与木条上的方形孔榫接，而木条的两端削成鸠尾榫头，紧紧地装到磨盘底部相应的榫眼里。下扇磨盘的上端面布满辐射形磨齿；上扇磨盘与下扇磨盘的尺寸相同，但磨齿开在上扇磨盘的下端面，它的上端面是光滑的，且六角孔是敞开的。沿磨盘径向，有一块木板（24英寸×4英寸）穿过上扇磨盘的表面，并且用木钉固定在磨盘面上。下扇磨盘的中心轴（即前述带锥度的木棒）穿过这个横木板中心的圆孔（直径1.25英寸），使上扇磨盘可以绕轴旋转。在横木板表面的两末端部位，各有一个圆孔（直径0.75英寸）。推杆所榫接的支木，其底部的铁轴插入其中

---

[1]此节内容所指实为中国的砻，依用材分"木砻"和"土砻"，为保持原著风格，译文取直译。——译注

图143
磨稻谷的手磨

一个圆孔[1]，插进深度约为半英寸。推杆被三根紧绑在一起的竹竿组成的架子悬挂起来。如果手磨是在屋里使用，推杆就挂在顶棚上。推杆水平动作，如图143所见，它一端有一个横木把手，另一端向下榫接支木，露在外面的高度约2.5英寸。插入孔内的末端是铁轴。

为了在磨谷中调整两扇磨盘间的距离，将一块短木板放在中心轴的顶上，在横过上扇磨盘的横木中心孔上面高出约0.25英寸（图143），这个短木板用绳子牢固地

---

[1]起偏心柄的作用。——译注

图144　手磨的木头磨盘。这里显示的是拆开的磨盘的轴和磨盘端面

绑在横木上。以绳子加短木板这样简单的方式，就可以设置和改变两扇磨盘之间的距离。将短木板与横木绑得紧一些，上扇磨盘就会抬起，与下扇磨盘的距离适当拉开。为确保上扇磨盘容易转动，用一个大头铁钉，在短木板（5英寸×1.5英寸×0.75英寸）与中心轴的接触处打进去。这样，上扇磨盘实际是搁在了铁钉头上边。铁钉头直径半英寸，它从木板上凸出来0.375英寸。

　　手磨的操作方法比较直观。把竹篾编织的席子铺在地上，手磨放在席子上面，用小木铲把未脱壳的稻谷放入上扇磨盘的六角孔里。在图143和图144中，小木铲靠在架子边上。操纵手磨的人站在磨前，用双手握住推杆的横把，且两手要靠近悬挂推杆的绳子（见图145）。推杆前端榫接的木栓带有铁轴，铁轴长度要合适，以防止它从上扇磨盘横木的孔里穿出。

　　中国人旋转任何可转动的装置都是逆时针方向。[1]在两扇木磨盘之间，稻谷脱

---

[1]这一说法显然不准确，很多中国古代机械是顺时针转动，如纺车、辘轳等。——译注

掉壳后，在磨盘的沟槽棱的作用下，米粒连同谷壳落到铺在地面的竹席上。磨盘上的齿棱，大约用一年时间会磨平，那时便请来木工，用凿子处理磨齿。书中的照片是在浙江省新昌拍摄的。

图146中的磨，让人非常感兴趣。我们前面所描述的磨盘都是木制的，而这个磨盘却是用带有竹篾和木条的黏土制成的。[1] 磨盘的直径为18.5英寸，下扇磨盘厚6.5英寸，上扇磨盘厚4.5英寸，上下两扇磨盘皆装在手工编制的筐子里。下扇磨盘又放在木盆里固定，木盆的直径为28英寸，从台架到顶高为8英寸。从图中可以很清楚地看到，一块木板以与磨盘面平行的方向，穿过上扇磨盘的中心，木板有3英尺1英寸长，2.75英寸宽，1.75英寸厚。在这块木板两端各有一个圆孔，每一个孔都可以安插推杆。[2] 在该木板的中心有一个盲孔（承窝），圆形中心轴就装在这里，也即图上所见从下扇磨盘向上突出的那根轴。上扇磨盘中间有大的方形进料口（边长5.75英寸），与木板处在一条线上。

以上所说穿过上扇磨盘的木板，伸出的其中一端榫接了一个小薄木板，这个薄木板向下伸到木盆里。当上扇磨盘转动时，它跟着转动，将脱了壳的稻谷推到木桶底部的洞口，从洞口落到放在桶下的篓子里。从图中可见下扇磨盘的中心轴用木楔固定位置。若将木楔松开，可使中心轴抬高或降低，从而调整两扇磨盘之间的距离。这台磨的操作方式，基本上与前面在图143至图145中所描述的方法相同。这种样式的磨，在整个江西来说用得十分普遍，这里的照片是在沙河拍摄的。据中国的文献记载，早在周朝期间（前1122—前255），就已经制作并使用脱稻壳的器具——这种器具用竹子编制并在周围抹上灰泥，假定它与我们所描述的磨类似，用法很可能大致不差。

在江西的古城抚州，我有机会见到制造这种独特的磨稻谷的磨盘的过程。图147显示的是一个制作中的下扇磨盘，也即所称的"底盘石"。在柳条编制的模子里填满新挖来的黏土，向下砸实，好似夯土建筑的墙。每隔0.25英寸左右，往黏土里砸进一个木块，木块顺木纹理方向长约1.5英寸，横纹理方向宽2英寸，厚0.09375英寸。在砸的过程中，多余的黏土被挤出表面。再用木凿子打，使各木块的顶部劈开改变形

---

[1] 此处实指中国的"土砻"。——译注
[2] 以形成偏心柄。——译注

图145
手磨的推杆
推杆的运动可比作与蒸汽机活塞相连
的连杆的运动。圆磨盘转一圈有两个
冲程，一个朝前，一个朝后。

图146　用黏土制成的手磨的磨盘

状，这样做下去，直到这些木块排出辐射形的磨齿。上扇磨盘因转动而磨损较大，所以这里用的磨齿是栎木的，栎木易受烟熏变硬因而好保护，而下扇磨盘的磨齿是竹子的。我所说的这种"土磨"寿命不长，中国人期望它能磨上40担稻子（每担约合50公斤）就满足了。用这种磨的优点是价格便宜，磨坏了重修也合算——用新的黏土填满，再插入新的木片和竹篾。磨稻谷的过程中少不了磨下黏土渣，要把它与带壳的稻谷分开很容易。

中国人很审慎地区别竹子和树木。尽管有枝有叶的竹竿显出树木的特性，但竹子属草科植物。

图147
制造中的中国手磨的黏土磨盘

图148　用黏土制成的磨稻谷的磨盘
右边是已做好的上扇磨盘，而下扇磨盘仍待用木凿子处理，以形成辐射形磨齿。这种磨（土砻）在江西十分普遍。

畜力磨

    在浙江省产稻地区，几乎每个村子都有一个碾磨，属于公共财产。碾磨一般安在一个方形棚屋里，一面或两面砌有砖墙，其余的面则稍微遮挡，以便进阳光和透风。自家有牲口的农民都可以到这里用碾磨，而没有牲口的农民便用手推磨。

    公用碾磨房的中央是一个平台——带有坡度的大圆盘——用石头拼起来做成，周圈上开一道石槽。周围有多块木头拼成的凸缘，用竹篾子缠绕固定，就像大木桶的箍圈。凸缘从一边到另一边直径约9英尺。从地面到凸缘顶高21英寸。在石碾盘的中心有一个木头的立柱，楔进石碾盘里。碾磨的转动木架围绕中心立柱转动（见图149），从中心立柱插入石碾盘的底部测量，立柱高为2英尺4英寸，直径为3.5英寸。

    图150中的示意图，可以说明固定碾磙子和料斗的木架结构。料斗悬挂在木架的主梁上。中心轴柱安在曲梁上端的承口里，曲梁钉在主梁上。碾磙子是一个石圆柱，直径约23英寸，厚16英寸。木架围住碾磙子，从木架上伸出两个短的钢轴，碾磙子即绕着这两个钢轴转动。在碾磙子两端的中心位置各凿有洞，插进3.5英寸见方的铁

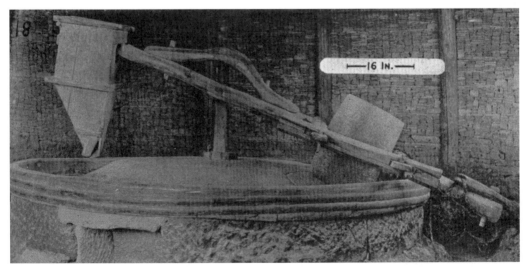

图149　石碾磨

块，作为钢轴的承窝，钢轴直径0.75英寸。钢轴打进木架里，使之成为碾磙子的一个轴。在主梁的末端有一个摆杆（槃），用木销子固定，牲畜通过槃来拉动碾磙子。在图149的前景，可以看到在石碾盘下有一凹处，正好开在石槽的下边，以用来接取通过两个圆洞（直径5英寸）漏下来的去了壳的谷粒。这两个圆洞开在石槽的底部，筐子放进石碾盘下的凹处，便于将收集起来的去壳谷粒移走。

碾磨的料斗全用木头制成，上顶开口。顶部为16英寸见方，斗长为3英尺2英寸。在斗的底部开有洞口，可以用一块滑动板将洞口关上，通过滑动板可调节稻谷的流量。滑动板每放到一个位置，就用木楔插到它与料斗的壁之间，将滑动板固定住。在拉碾中，被蒙住眼睛的牲口绕着碾盘，贴着它左边的圈槽，一步一步地向前走。碾磙子运动，会使料斗产生振动，足可保证稻谷均匀地流到带坡度的石碾盘上，碾磙子在上面滚过。碾过的稻谷被推到槽里，从料斗上持续流下来新的稻谷。通过一个与槽的形状相合的石块（图中看不见）清理碾过的稻谷，石块用4英尺的绳子拴在碾磙子的木架上。随着碾磙子运动，石块推动槽里脱壳的稻谷，从槽的两个洞中落到下面的筐里。照片是在浙江省宁波附近一个叫"龙碑桥"的小村子拍摄的。

美国奈特（Knight's）机械词典对"智利磨"的定义是：一种碾磨或破碎机械，在环形槽里有两个轮子，围绕中心立轴转动。按照这一定义，中国磨是单轮的，自成

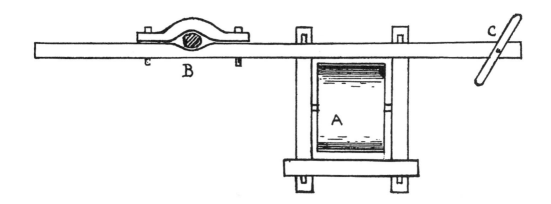

图150　中国碾磨的转动架结构示意图
A碾磙子；B与中心立轴连接的构件；C牲畜拉碾子用的槃，牲畜以逆时针方向运动。

图151 中国碾磨

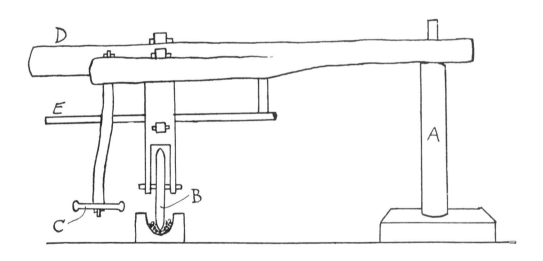

图152 碾子细部结构的示意图

A转杆；B铸铁轮；C槃；D看牛人的座位（人的重量增加了向下的压力）；E看牛人的搁脚架。

图153　碾子

一个类别。迄今我所见过的中国磨，都只有一个轮子，或者是一对轮子（图151），它们在中心立柱的一边。却没有像智利磨那样，同样的装置对称地放在两边。在冶金技术中，有一种在槽里滚动，在径向臂末端旋转的轮被称为碾轮。我们所描述的中国碾磨是由畜力拉着转动的，故我们可以把它称为碾压磨，中国民间通常叫碾子。图151中的碾子，有两个实心的石头轮子，在石槽里的转杆下滚动。这里所需要的压力，与其说是石头轮子的重量，不如说是来自沉重的转动木架的上部结构。碾子运转时，农民坐在轮子上一根水平的叉梁上——照看牵引碾子的牲畜——同时他的体重也增加了向下的压力。向下的两根立柱各与叉梁的一个分支榫接固定。两根立柱下端开有很深的凹槽，以安装碾磨轮子，在立柱的下端嵌入装轮子的木轴。将一根细木棍用绳子绑在最后面的轮子木架的后边，木棍一端放到槽里，以搅动碾过或碾碎的谷物。图152展示了碾子的细部结构。在叉梁下安一块木板（如图所示），以做看牛人的搁脚架，看牛人坐在叉梁结构的后边木头上。木轭架在牛的肩颈处，为了驭牛，在牛鼻子上拴了一根细绳。要照相时，农民为躲避跑开了，他把牵牛绳的末端挽了个圈，套在碾子的中心立柱上。在江西九江地区，这类碾子使用得非常多。这里所看的照片是在江西德安附近拍摄的。这些碾子主要用于稻谷的碾压和细磨。我见过用于碾压油菜籽的与之相似的碾子，碾压油菜籽磨的轮子是铸铁做的，而且木槽用瓦状的铸铁板铺起来。实心轮子从中间向外逐渐变薄，轮子边成窄凸缘。

图153中是另一种碾子，是在安徽省当涂附近拍摄的。它的中心石柱高2.5英尺，石磙子直径2英尺2英寸，宽也是2英尺2英寸。碾盘是由原石板凿成的，有一点斜坡，石磙子在碾盘上滚动。这个碾子是用来打谷的。在带斜坡的碾盘上排满稻谷捆，让磙子在上面碾过，被碾下的谷粒掉下来，滚落到邻接的水平边缘，在这儿，谷粒便于收集。从照片的背景可以看到后面全是稻田，按一定间隔有规则地排满了稻谷。

碾米

　　稻谷去壳后，仍留有某些坚韧的颖片[1]。处理这些颖片的过程叫碾米。把40磅左右的谷粒倒进一个大石臼里（见图154），差不多装满一半。在谷粒上喷洒一些水，并洒上少量的稻草灰，然后把它们混合起来。接下来用带木柄的沉重石槌，在石臼里捣4小时。在捣的过程中，谷粒上的颖片脱落，同时米粒变得又白又光亮。捣过的谷粒再经风扇车扇，或用筛子（类似于图122中的工具）筛，以便清除颖片和稻草灰。

　　臼是用一块整石凿成的。图154中的石臼已破裂，因而用铁角片修补加固。这个石臼高15英寸，直径30英寸，壁厚3英寸，深12英寸。所用槌的头部是木石合一，击打部分是石头，后开一个盲孔，将圆木槌似榫头的部分楔入。从石质的钝头顶点到圆木槌末端，长12英寸。石槌的最粗处直径为7英寸，木槌直径5.5英寸。整个槌的木柄长2英尺，装进圆木槌的孔里，如图154所示。

　　广州附近的地区，碾米用木杵而不用石槌。其形状为上端逐渐收细，在末端较大而圆，用铁包住。用这种方法碾米，多为家用。商人常买进大量稻谷，雇帮工用便利、麻烦较少的方法碾米，然后在市场出售。商人的方式是用一种架在支座上的平衡板（从图155中可以看清楚）。在木板一端下面牢牢绑上一个杵，与前面所述的石槌相似。放米的石臼在杵的下方。操作时，一个人两脚分开，站在支座两边的木板上，然后利用腿的弯曲和直立，交替地改变身体的重心，由此木板便像跷跷板一样上下摆动，使杵一次次地入臼舂米。一段时间后，操作者用一根长棍伸入臼中搅动一下稻米。木棍平时放在一边，不搁在木板上。

　　如前所述，碾米时要用湿的稻草灰。这种方法虽然比较慢，但会碾出光亮的稻米。还有一种方法是用石灰粉，先用锤子把石灰石敲成小块，再把这些小块放入碾磨

---

[1] 颖片：稻、麦等禾本科植物籽实的有芒的外壳。

图154 碾米用的石臼和石槌

的石槽里，让碾磋子前后滚压，直到块状石灰变成粉末为止。而后把干石灰粉用水弄湿，呈糊状，做成方块，干燥后便可出售，以供人碾米用。无疑，用石灰粉碾米要快一些，但问题是，碾米除了要脱去颖片，稻米外层的硬质也会被去掉。除去了这层硬质皮，实际上稻米表面有营养的物质大部分也不复存在。所以，现代医学专家就饮食提出建议，最好是吃糙米而不吃或少吃粳米。

在上海附近的一个村庄，我见到一个碾米装置（见图155），石头凿成的臼半埋在地里，直径为19.5英寸，深为12英寸，边缘厚2英寸。与杵相连的平衡木梁，长4英尺3英寸，宽7英寸，厚3英寸。平衡木梁搁在一个木架上，木架沉到一个深槽里——在木板较低的一边挖出。木架在一个大石头的凹口，以使木板倾斜便于上升或下降。杵为圆木，粗3英寸，长12英寸。上端做成方形，楔入平衡木梁上相对的榫

图155　碾米用的足踏碓和石臼

眼。杵的末端戴有铁套，直径2.5英寸，深1.75英寸。为了使杵打进石臼时有更大的冲力，在平衡木梁上绑了一块石头，如图看到的那样。当不用杵时，用木杆子把平衡木梁支起。这样碾过米后，便于收取臼中的米。人家告诉我们，这个装置也可以将稻米碾成米粉。不过，按这种情况使用，操作者要使杵往下用大力，而且不能用棍子去搅动稻米，这跟碾米有不同。

手推磨

不管什么时候，中国人家里都会用到面粉来做饭。用类似于图156中的手推磨能将谷物磨成面粉。图157中是手推磨的下扇磨盘，周圈环绕着槽，有一个出口。当磨面时，从两扇磨盘空隙掉出的面粉落到槽里，集中到出口取走。两扇磨盘的相对端面，各凿有辐射状磨齿。磨盘直径为9.5英寸，磨齿宽2.5英寸，深1.5英寸。上扇磨盘（见图158）围绕一个铁支轴（直径0.625英寸）转动，这个铁支轴从下扇磨盘中心突出来，高出盘面0.75英寸（见图157）。在上扇磨盘侧面安有一个水平木杆，木杆上有一个凸出的短木把，作为推磨的转把。

铁支轴从下扇磨盘中心向上凸出，上扇磨盘就安在这上面转动（见图157）。铁支轴高于水平面的部分为圆形，而插在下扇磨盘中心孔处的部分则是方形，其边宽0.875英寸，具体的做法是用明矾胶把它固定牢。将明矾的结晶体加热，当其融为液体时，浇到在孔里的铁轴周围。当明矾冷却变硬时，就把铁轴牢固地黏结住。

上扇磨盘厚5英寸。该磨盘下端面的中心孔大小正适合套住铁支轴。磨盘在铁支轴上转动，因为里面有明矾，所以显得很光滑。偏离磨盘中心有一个较大的洞（直径1.75英寸），而且完全贯通上扇磨盘，其用途是向磨里添加待碾的谷物。为了让谷物在两扇磨盘之间容易通过，进料洞的底部开得稍大一些，从图158中可以看清楚。

上扇磨盘的上端面做成平盘，而周围有棱，高0.625英寸，用来盛谷物，待碾的谷物定时地添加进料洞里。从图中可见，除了从磨盘侧面窝孔伸出水平的木把外，整个磨盘的形状是圆形的。

图片中的这台手推磨属于我的翻译张先生家，是他从一位石匠那里定做的，那里通常都可以买到磨。这台磨直接用右手握住木柄便可以转动。

在江西和浙江两个省，我注意到用手推磨磨面有两种方法。第一种方法是，用做饭的铁锅先把谷粒炒干，其间不加任何油料，谷粒要炒到稍微显出褐色。这样谷粒很容易被磨成面粉。

第二种方法是，在湿润的状态下磨面。稻米先用水浸泡一个晚上，然后捞出来

图156　中国手推磨

图157　手推磨的下扇磨盘

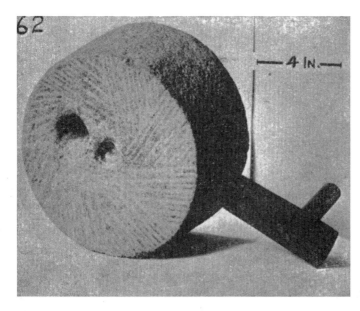

图158
手推磨的上扇磨盘

放入手推磨，每次把稻米倒入进料洞，同时也会有少量的水流进去。这样磨出的就是糊状的米面。准备一个圆底的筐（如洗稻米用的筐），里面铺一层草木灰，再在上面放一块干净衬布，让磨出的糊状米面流到布上。随着水分慢慢地渗出，这样在衬布上就剩下了生米面团。若面团比较大，渗出的水分多，底下的草木灰就得换几遍，衬布上的糊状米面要赤脚站在上面踩揉。[1]接下来，把米面团放进锅里蒸。把竹篾编的笼屉安到铁锅上，锅里放水，用火烧开。笼屉上面铺好笼布，将米面团放上去。米面加热后体积变大，接下来，将蒸的米面团放进大石臼（见图154，可作为一个例子），用杵捣它。这一过程需二人合作，一人捣米面团，一人用水沾湿手，米面团被捣一下后，便将米面团挪动一下。经过这样的过程，米面团变得非常有黏性。而后用手将它搓成长条卷，再切成一个个的小块。将这些小块面团放到木模里，压成美观的形状，于是就制成中国人爱吃的米糕（也叫糍粑）。

　　手推磨是基本的家庭用具。做豆腐时也要用手推磨来磨豆子，不过是用直立的杆转动，而推磨的手柄仅是由插进磨盘边的水平木杆构成（见图158），木杆的末端

---

［1］实际是用布包好米面团，洗去外面的灰渣，再赤脚站到上面踩揉，如果米面团较小，也可以用手揉。——译注

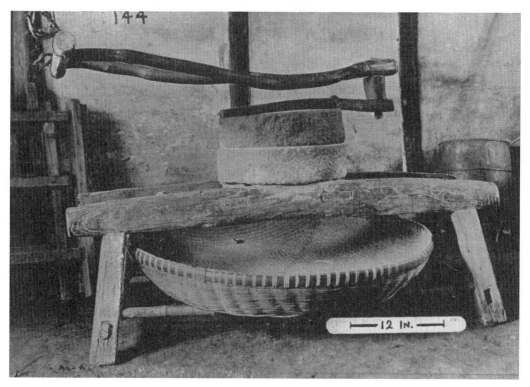

图159　中国的手推磨

有个通孔，在孔内松松地装一个铁支轴，铁支轴的另一头装进长而直的推杆的下边末端。而推杆的握端（操作者掌握）松松地放在一个铁环里，铁环吊在手推磨中心正上方的天棚上。[1] 从转动结构的设计看，美国宾夕法尼亚州的第一批白人定居者使用的手推磨，与中国的这种磨没有本质的差别。

　　中国人没有很好地利用烘烤技术。如前面所说，他们采用蒸的方法使面团变熟和体积变大。馒头或发糕都是用大麦、小麦或大米借"酒引子"（发酵剂）做成的。把磨成的米面用水混合揉成面团，用楮树的叶子包起来，在通风处挂起来5到10天。这是很奇妙的，是为了使生面团发起来，虽然从表面上看，没有明显使用发酵剂的步骤。[2] 同样，中国有非常发达的陶瓷烧窑技术，而把烤箱用于烹饪，我只在个别地

---

[1]　这些未在图上显示出来。——译注
[2]　这里涉及"酒引子""面引子"和腊味食品的区别，作者显然没有真正分清楚。——译注

方才见到。照片是在上海老城拍摄的。

图159是另一种家庭用手推磨，它显示出不同的转动构件。这种手推磨在浙江省和江西省的很多农民家里都可以看到。使用这种推磨，可以干磨玉米、小麦和稻米，磨碎的粗粉落入放在磨盘架下面的筐里。两扇磨盘每个高4.5英寸，直径18英寸。在下扇磨盘的中心有一个铁支轴，用明矾胶固定。支轴凸出端插入上扇磨盘对应的孔里。在上扇磨盘的端面，偏离中心一定位置，有个漏斗形的洞，是谷物的进料孔。连杆直接横放在上扇磨盘的端面上，过盘边伸出约9英寸，用绳子将连杆绑牢（图中看不太清楚），连杆对应磨盘边的两端有两个通孔，在连杆伸出的末端有圆孔，在这个孔里安装竖立向上的支轴，支轴与推杆连接。推杆是一个带分叉的树枝，其结构比图145中的T形推杆更结实。在叉枝末端（见图159左边）的推杆把，用绳子吊在天花板上，并保证推杆的高度适当。磨的转动方法，与前文对图145所描述的一样。在两扇磨盘相对的端面上，各分成8个径向的三角形区，凿有辐射状的磨齿，每个区的磨齿与该区的分隔线平行。磨齿相邻的间距很小，以使每个区都布满磨齿。这样安排，就使所有的8个区全都由磨齿覆盖。筐的直径为3英尺9英寸，高7英寸。台架的高度为18英寸。这张照片是在上海附近的曹家渡拍摄的。

大豆的利用

　　栽培大豆，在中国具有非常重要的经济地位。大米通常被认为是中国人食物中的最主要部分，[1]但是对于大豆及其制品，就很少有这样的说法。大豆的利用，居首要地位的是豆油。豆油是用大豆压榨的，主要被普通人食用。豆油的气味浓，不太受人喜欢，但这对中国人来说并不重要。由豆芽配制的美味蔬菜是日常菜肴中最普通的东西，再就是用食盐和香料精心制作的豆制品。豆酱是极好的佐料和调味品，这在大多数的中国家庭厨房中都是日常之需。酱油是黑黄色易流动的液体，有令人喜欢的香味，装在容器里只要轻轻一晃，器壁上就会沾满晶莹的淡褐色泡沫。黄豆大量出口印度和欧洲，并且已进入西方具有美誉的佐料和食品酱油之列。

　　也许黄豆最广泛的用途是做豆腐。把干黄豆在水里浸泡一夜，而后放进图160中的手推磨中湿磨。磨碎的黄豆连同浆液流到放在台架下面的桶里。图161中是装豆液所用的桶，手推磨用图159中的推杆推动，放置手推磨的台架高22英寸，其形状像英文字母T，下面三只腿。台架的长木梁长3英尺，短木梁长25英寸，与长木梁榫接。长短木梁粗细都是3英寸见方。从台架面直立向上伸出的方形轴，插入下扇磨盘对应的孔里，将磨盘固定在台架上。磨盘的直径为13英寸。

　　在推磨过程中，由水和已磨碎大豆混合的浆液流到桶里。圆桶里有凸出的部分，一个带孔的圆盖（见图161）可以搁在这上面。在圆盖上铺一种本地产的纱布，已磨碎的豆子连浆液通过纱布过滤，粗的颗粒被纱布挡住。然后把布折拢起来，包住里面的粗粒，用挤压工具（见图163）把里面的水挤压出来。挤压过之后，布包里的粗渣还混有水，就再挤压一次。这样剩余的渣滓常用来喂猪或牛，而只是用滤出的浆液来做豆腐。

　　图161中的桶，高18英寸，直径20英寸。桶里四根凸起的木头相互连接在一

---

[1] 这显然是指中国南方的情况。——译注

图160
做豆腐用的湿磨豆子的手推磨

图161　做豆腐用的桶

图162 做豆腐用的压榨屉子部件

起，从桶底起高11英寸。桶边的两个把手是凸出侧板的一部分。木制的圆盖有四个孔，圆盖直径18英寸，厚半英寸。

接下来的步骤是，将少量石膏粉添加到豆浆中，并将豆浆加热煮沸。在这个过程中，有些悬浮的颗粒凝结成乳，也就是说，放入石膏促成了凝结。凉下来后，取出凝乳放到桶里。初步排出水分，相当巧妙地呈现出一种乳清状的东西。把一个圆形的带有密实网眼的篮子压到桶里，水通过网眼渗出篮子，用长把勺把水舀出来。这是一个想不到的形变——却是了不起的——显现过程，由此得到"水豆腐"。把水豆腐舀进一个屉子（见图162），屉子有两个木框，一个在另一个上边，把它们放到带有沟槽的木板（见图162右）上，将布铺在框架里，布的四边要多伸出一些。把水豆腐舀到布上，直到木框所围的面积填满。把多出木框的布边折起来盖住敞开的木框顶部，在上面放上重木板（见图162左）。重木板在布包上面对豆腐施加均匀的压力。[1]水分由此被挤压出来，通过布包沿着底下木板（见图162右）沟槽流走。做这些工作大约要半小时，这时屉子木框可以从大块豆腐上撤下，此时豆腐的硬度很像鸡蛋羹。为了取掉木框，先把木框顶上的重木板拿掉，再把盖在豆腐顶上的布揭开，然后把一块更大的木板放到木框顶上。接着把整个框架上下颠倒过来，把木框拿开，只留下结成一体的大块豆腐在平板上，之后再把布取下来。

为了保持大块豆腐去掉木框后仍为方形，可贴着豆腐边上放四块宽木片，然后将

[1] 有时为了加强压力，也在布上面加放石头。——译注

168

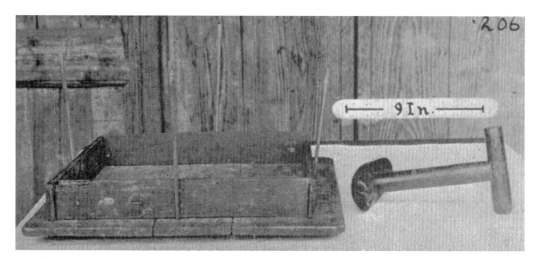

图163　放豆腐的木框和挤压工具

图164　制作豆腐的大型压榨机

筷子插进底下木板的孔里——用来把宽木片固定在位。从图163中可以看到木板以及为保持木片位置插进孔里的筷子。豆腐要晾起来，使它丧失一些水分，变得硬一些，然后切成小块以便于食用。豆腐块一般3或4英寸见方，用时切成小片，炒肉或炒蔬菜。豆腐在中国常常可见，平民之家吃饭时用几块豆腐当佐菜配米饭，别的就没什么了。豆腐块可以晾得更干一些，这样就能保存很长时间。

我们品尝中国的豆腐，第一感觉是没味道，因为做豆腐时没有加盐。同样，煮大米饭也不加盐，对外国人来说，得有一段适应的过程。

图162是浙江人使用的一种简易压榨屉子的部件。其底板的长宽均为18.375英寸，厚为1英寸，表面布满纵横成直角的沟槽，以便让水排出去。木框子16英寸见方，2.375英寸高，0.75英寸厚。一个压榨屉子有两个木框，被填平后向下压，大约压到使填入的豆腐体积缩小一半。重木板14英寸见方，厚1.25英寸，上面用榫槽嵌上两根横木条以加固。图163的右边是一个挤压工具，最初磨碎的豆子连浆液通过纱布过滤，用纱布包住剩余的粗粒，就用挤压工具挤压出水分。它的把长10.25英寸，端头长7英寸，宽2.625英寸，端头底为半圆形。挤压工具的杆和手柄的直径都为1.25英寸，手柄长5.5英寸。图160至图163都是在浙江的西岙拍摄的。

这里所述做豆腐的方法，我在浙江和江西省的许多地方都见过。通常是在家里，人们做豆腐多为自家食用。

在江西省，做豆腐也是一种特殊的行业或生意，人们从商人那儿买豆腐，专营商人做大量的豆腐，他们使用更大的压榨机（见图164）。在压榨机后面有一个大盆，盛有水豆腐。使用长把铜勺从盆里舀出水豆腐，用约6英寸见方的带缝边的棉布包起，布边在上面折起来，把这些布包按行排列摆放在木板上，5个一行，共8行，一块木板上放40个布包。在这些布包上再放一块木板，将另外的40个布包放到这块木板上，如此放置，一共放4层，每层布包上都有一块木板。图164显示了加压的情况。

压榨机的照片是在江西省沙河拍摄的，压榨机的横梁长5英尺6英寸，台子高2英尺7英寸，台面宽19.5英寸。这一压榨机所用的杠杆装置引起我极大的兴趣，可以看出它与图165的制酒压榨机非常相似。水平梁被固定在左边的框架上，固定方式从图165的压榨机看得比较清楚。在图164右边，通过穿有许多孔的金属杆，用力向下拉压榨机横梁（这与制酒压榨机的穿孔木杆相似），横梁就压在豆腐包的上面了。穿孔

图165　中国制酒压榨机，其结构与做豆腐用的压榨机（见图164）相似

为了更好地说明图164中的压榨机结构，补充图165，它显现了制酒压榨机相类似的结构。照片是在浙江省的查村附近，当机器正在使用中拍摄的。我采用长时间曝光，想使左边的石头重物呈现向下降落的动感，却不幸使此处模糊了。

金属杆与水平带枢纽的托盘在末端连接，托盘上搁置一块铁，靠它的重量向下压托盘。当托盘随重物作用下沉后，通过调节穿孔金属杆——把调节杆向上拉，相对压榨机横梁再提几个刻度——使托盘再回到水平的位置。

关于豆腐的注释

斯图亚特在《中国药物学》中说，豆腐的制作方法起源于汉代的淮阳王刘安。[1]然而，贝利契纳德（Bretschneider）在他1893年出版的《中国植物》（*Botanicon Sinicum*）中却说，最先在公元前2世纪由刘安提到制作豆腐，但是在那之前人们可能就已经知道做豆腐了。

中国人一直缺少牛奶产品，使得后者的推测显得很有说服力。对于需要牛奶和奶制品的中国人来说，大豆及其制品可起到一些补充作用。在当代或过去，都很难想象，缺乏这两类食品，对于人们的健康没有严重的损害。

中国人利用大豆，从中获得丰富的豆球朊或植物酪蛋白，这是杰出的本领。说到这里，西方食物专家会提出疑问：为什么大豆在美洲只是用作饲料，而在中国，大豆产品却占据了仅次于稻米的地位？关于这一点，我回忆起几年前胡德森·马克西姆（Hudson Maxim）先生的做法，他极力使同事和老乡对大豆这种有价值的食物引起注意。在纽约化学家俱乐部，任何一个新来者，只要表露出对东方豆科植物的无知，马克西姆都会抓住人家不放，大讲大豆的重要性，并且拿出罐装加工的大豆制品，热情地请人品尝，直到对方信服为止。

在浙江的调查中，我看漏了一步，要不就是介绍者略掉了加工中的这一部分——在某些权威人士看来是最具基础性的——在做豆腐的过程中要使用某些物质使豆浆产生凝固，就像在牛奶中添加凝乳剂那样，使之凝成酪蛋白。斯图亚特从16世纪中国关于本草和生药学的伟大著作《本草纲目》中引用如下：

"用水洗大豆，并将它磨碎，撇掉漂浮物后煮沸。使泡碱溶于水里，或用熬山

---

[1] 此说显然有误。据明代大药理学家李时珍在《本草纲目》卷二五《谷部》中载："豆腐之法，始于汉淮南王刘安。"并详细介绍了豆腐的制作方法。公元前164年，刘安袭父封淮南王，建都寿春。刘安好道，为求长生不老之药，常与同好钻研炼丹。炼丹中以黄豆汁培育丹苗，豆汁偶与石膏相遇，形成鲜嫩绵滑的豆腐。其后，豆腐技法逐步完善，广为流传。这便是淮南王刘安制豆腐的传说。——译注

矾叶，或用大豆醋加到豆浆中，在大锅里一起加热。而后倒入大罐，罐中预先放石膏粉，把它们充分混合。形成一种有点儿咸、苦、酸、辣的混合物，把这种化合物表面凝结的物质取出来，洗净其他溶液，就是豆腐。"[1]

贝利契纳德对做豆腐的描述如下："所谓'豆腐'，就是先将大豆在水里浸泡，再磨碎而制成浆液，将其中的水滤掉，再给这种流质添加些石膏，以使酪蛋白凝结起来。凝结的酪蛋白即豆腐，看上去是胶冻状的。"

根据以上描述，我们可以得出结论：根据当地的情况，制作豆腐的具体细节有一些不同。虽然使用不同的凝固剂，但是为了使浆液凝结，添加石膏粉并将之煮沸，看来这就足够了。

---

[1] 原见《本草纲目·谷部》卷二五《豆腐》：造法：水浸硙碎，滤去滓，煎成，以盐卤汁或山矾叶或酸浆、醋淀就釜收之。又有入缸内，以石膏末收者。大抵得咸、苦、酸、辛之物，皆可收敛耳。其面上凝结者，揭取晾干，名豆腐皮，入馔甚佳也。——译注

绳索压榨机

  研究做豆腐的压榨机与制酒的压榨机（即绳索压榨机）——尽管它最初是用于生产烟草和造纸——两者之间的联系，是很有趣的事。图166是由青岛的木匠制造的一个绳索压榨机模型，现在陈列在美国道尔斯敦的莫瑟博物馆里。压榨机模型放在木板上，这块木板作为压榨机立柱插入的"地面"。压榨机的核心部分是水平的压力梁，这根梁用绳索和绞车拉着向下，压在加工的物料上面。受压的物料放在末端带分叉的支撑木上。在分叉部分的中间，一根绳套钩在一个从绞车伸出的木栓上，随着杠杆交替地插入绞车上不同的孔中，绞车跟着转动，绳子被拉紧，并使压力梁产生向下的作用力。压榨机中，绳索套在压力梁和绞车上被拉紧的方式必须细察才能看出绳索是经两次卷绕起作用。绳索压横梁向下，同时对绞车也起到刹闸的作用，这使绞车总保持

图166

中国的绳索压榨机

在由杠杆操控的位置上。因而也不需要在绞车转动到新位置之前，有人专门握住杠杆以防反转移位。绞车不会反向飞散，所以它不需要安装防倒转的棘爪和棘轮装置。利用杠杆的力量很容易转动绞车，而每一转都使绳子绷得更紧一些，因而能施加很大的压力。

瑞奇（Anthony Rich）在《古希腊与古罗马语辞典》（*Dictionnaire des Antiquités Romaines et Grecques*）中描述的"葡萄压榨机"与中国压榨机的原理相同。布吕姆那（Blümner）在他的《希腊人和罗马人的手工艺和术语》第一卷（*Technologie und Terminologie der Gewerbe und Küenste bei Griechen und Röemern*, Vol.I, Leipzig & Berlin, 1912）中也讨论了这种压榨机，他书中的图127显示了与中国压榨机类似的所有部件。从压榨机横梁向上牵引的装置好像是画家添加上的，看来画家预先想好了，就画在这儿。庞贝城韦蒂家宅（Vettii House）的原图——布吕姆那讨论过——这里没有展示。毕竟在压榨机不用时，提升和保持压力梁的方法属次要之事。中国通常是用绳套住压力梁吊到屋架上，或用木棒把梁支住，也有的让梁完全落到地上。布吕

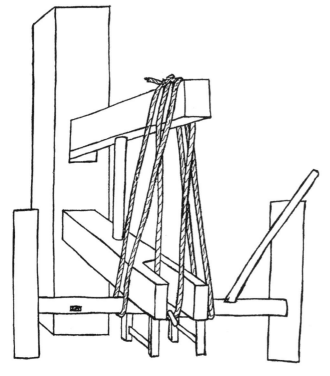

图167
江西建昌的烟草压榨机示意图

姆那的看法是：丘比特操作杠杆提升压力梁的说法完全是错误的。丘比特做的是那种运动——用全身力气操作杠杆——确切地说同于中国人的操作，转动绞车绷紧绳子，从而把压力梁拉下来。大加图（Cato Major，前234—前149）详细地描述了罗马压榨机，但是这一描述表明，中国人已在使用的灵巧绳索装置，罗马人并不知道。

图167绘出了用绳索控制的烟草压榨机略图，这一机械是我在江西省建昌看到的。这张附加的示意图，比任何照片都能更清楚地显示出独特的绳索装置。所有这类绳索控制的压榨机，除了围着绞车轴在杠杆插孔的每一边，通常用铁片将杠杆的作用点做加固外，其他全是用木头做的。

这里描述的压榨机，其特征是随施加力而运动，撤去施加力即停止。随着绞车转动一次，物料就承受进一步的压力，最终使物料能够被充分地压榨。为了比较，我们可以观察图164和图165，由此看到，这是两种完全不同类型的压榨机，图164中的压榨机不用绳子拉，而是利用重力产生持续的压榨作用。图165中的压榨机的工作原理，即利用不确定的重力，中国的腌白菜（类似于德国的泡菜）就是一个最为典型的实例说明：把待腌的白菜切成条，放进陶坛子里，用大石块压住。这大概是由于没有恰好与所显示的压榨机绳索相类似的双绳索控制压榨机。压榨机也不一定要有上面的结构。

铡刀

在中国北方，运输都是用人力车或畜力车。差不多每个农户家都养有骡子和驴，牲畜也用于拉磨、转动链式水车汲水、牵引手推独轮车、驮运重物等。喂养牲畜没有什么好饲料，通常是把稻草或麦秸切成小段，铡草的工具称铡刀。这里举山东省高密的一个例子，如图168所示，整个装置主要是一把切刀，刀体用销子安在水平木头底座上。图中的刀是立起的样子。木底座上顺着长度方向开了一条窄槽，当将铡刀压下时，刀体可以进入槽里。窄槽的两边钉有两个长铁片，两个铁片之间形成的窄缝，其宽度足够保证铡刀压下时，刀体能进到窄槽中。这里重述一下用切刀或剪子的原理，一个锋利刃口滑过另一个锋利刃口，即为剪切。铡刀刀背是由锻铁打的，它一端是装刀把手的承窝，另一端的柄脚上有穿孔（因在底端，图中看不见），销子穿过刀柄脚

图168
铡刀

的孔，将刀体装在底座上。刀体夹在两个铁片的窄缝里，靠摩擦力来切割。当人手握住刀把将铡刀压下时，刀体即绕销子转动。刀体刃口长27英寸，刀体（包括刀背）宽6.5英寸。整个铡刀的长度，包括木头底座在内，为44英寸。铡刀使用时放在地上（见图168），农民敏捷地带着劲儿操作，通常是两个人，一人喂草（将草与刀成直角放到刀口下），另一人按铡刀。

图169是另一种切稻草用的铡刀，摄于浙江省的西岙。把稻草切碎与黏土混合，可用于油磨。切苜蓿做牛饲料，也用这种铡刀。它的固定刀体水平放置，锋利的刀口朝上，长12.5英寸，刀体通过一个末端脚扎入长木凳面里，长凳长3英尺8英寸。固定刀体的另一个末端开有圆孔，孔内插入一个竹销子，竹销子穿过一个大铁钉的叉状端相对的两个孔里，大铁钉的尖端扎在长凳里。这种装置也形成起落刀体的转轴，带转轴的可起落刀体连同木把长2英尺。起落的刀体与固定的刀体尺寸相同，宽2.5英寸，厚0.3125英寸。带叉状端的大铁钉，露在长凳面上的高度为3.25英寸。长凳高25.5英寸。操作铡刀的人斜着身子坐在长凳上，或两脚分开跨坐在长凳上。

图169　铡刀

制糖

    根据中国文献，有关糖的最早记载可追溯到公元前2世纪。因而没有疑问，当今广泛咬嚼甘蔗吸糖汁的方法，在那时候就是这样的。汉代的记载称，当时的糖好似"石块蜜"（stone-honey），按照来自印度的更进一步的说法，它就是干燥了的甘蔗汁。可以用我们的"块糖"（rock-candy）一词来比较它们间的联系。用煮沸甘蔗取汁之法生产粗糖的知识，据说是在唐代由土耳其或中亚地区传来的。马可波罗说，福建生产大量的糖，供给忽必烈的宫廷之用。马可波罗还说到，此前中国并不知道细糖，只是煮沸甘蔗取汁，冷却后成黑糊状。直到忽必烈从巴比伦招纳的部下带来用某种树灰精炼糖的技术，才使情况发生了改变。

    按亨利·尤勒爵士（Sir Henry Yule）的说法，在印度粗糖一般叫作"Chini"，是中国产的意思；而糖果或细糖叫"Misri"，是由埃及的古开罗地区（Misr el Antika）产的，马可波罗的有关中国粗糖的说法由这种事实给予支持，这实在让人感到好奇。古希腊的提奥夫拉斯图斯（Theophrastus，前390—前305）以及他之后的普林尼（Pliny，23—79）和狄奥斯科里迪斯（Dioscorides，约50年），都提到过糖，然而当时的糖仅仅是作为医药使用。甘蔗种植从印度传播到南波斯和阿拉伯，而后传到埃及、西西里岛和西班牙南部。阿拉伯早在9世纪就掌握了精制糖，并在996年第一次从亚历山大带到威尼斯。直到近代，欧洲一直生产的由精糖制成的圆锥形糖果据说最初来自威尼斯，而某些权威人士称，这种形状的糖起源于中国。

    在中国，种植甘蔗主要是在南方的广东、福建和四川等省。甘蔗榨汁的方法简单而又浪费。榨汁时，甘蔗茎通过两个直立、紧挨的旋转辊子间，辊子用木头或石头做成，辊子下边的存储器接取蔗汁，通过竹管引到一个大锅里。蔗汁被榨出后，剩下的称为蔗渣，晒干可做燃料烧锅灶。

    图170是一个压榨机，它的辊子是石头做的，其中一个辊子由役畜拉动木架的末端（见图171），两个辊子上部的轮牙相互啮合，使一个辊子的运动传递给另一个辊子。辊子上的轮牙是在坚硬的石头上凿成的，当有石头轮牙磨坏时，就开出凿孔，插

图170 中国的糖作坊

图171 中国的糖作坊

入木轮牙代替。

图171显示了有长木杠的甘蔗压榨机的整体结构，木杠上套有役畜来拉动压榨机运转。糖作坊为帐篷式的建筑结构，原来是用稻草覆盖的，而今稻草刚被揭去，压榨蔗汁的工作一直做了一年。这张照片是在江西省建昌（与福建省相邻）拍摄的。

压榨蔗汁的下一步，是让蔗汁流到锅里。锅放在地上挖的一个浅坑里，蔗汁流到圆辊子下面的存储器中，再通过竹管直接流到锅里。锅是一个大的铸铁容器。这里，关于加工过程不可能再给出更多的细节，因为那口锅早已搬走，聚拢来的村民看起来很介意我拍照，也拒绝提供任何信息。

为了使所叙述的内容能更清楚一些，我在此补充一段有关精炼糖的介绍，原文摘自1917年上海出版的《中国百科全书》：

> 从辊子流出的蔗汁放入敞口铁锅中煮。烧开时蔗汁不断翻滚，把浮到表面的杂质撇掉。将煮开的蔗汁倒入陶制坛子里，每个坛子底部都有一个塞住的小孔。当差不多装满时，在坛口上用泥（黏土）小心地封好，并且把塞子从下部的孔拔掉。而后把坛子放到露天的空地。根据天气情况，放30～40天，直到坛子里完全呈干状。这样获得的糖可分三个等级：一等也即在坛子最上面的呈白色；中间的呈浅绿色为二等；最下面的为褐色，是三等。流落下来只是在太阳下晒干得到的是红黑色糖。

> 糖果是由纯净白糖用水煮开，再加少量的酸橙和鸡蛋清，而后将混合物倒入敞口的大坛子，坛子里放有许多弯曲的竹片。在冷却过程中，竹片上面会结晶出许多大块状的糖。把坛子倾倒，让水流掉，用刀将大块糖切成平整的小块，放在竹盘里，在太阳下晾晒2～3天，让它们脱色，最后形成的糖果是无色的水晶状。

斯图亚特在他的《中国药物学》中引用了鲍拉先生（Mr. Bowra）在1869年海关报告中关于精制糖的介绍："在浙江，游动的制糖商随身带一口大铁锅和一对压榨甘蔗的辊子，在甘蔗种植区走来串去。他们的糖作坊是最简单的一种，临时建在甘蔗种植田里，有时也租出去。蔗汁煮开后，适当澄清处理，变成糊状的绿色或红黑色的糖。"

食盐

在汉语中，有一个原初的表意文字，如今是组合结构使用，它表示的就是盐。盐最初的字形是一个方块分四个部分，每个部分都有小点[1]，它清楚地表示了在地面凹处引海水晒盐的情况。在中国的沿海，时常可以看到利用原始方法晒海盐。中国最早关于盐的记载，是在大禹神话时代，利用蒸发海水获取盐。在海水涨潮时，由沙子形成的低凹地，灌满含盐的海水（要知道，太平洋的海水比大西洋的海水盐分多一些），进而，这些含盐的水在酷热的阳光照射下蒸发，逐渐变成浓卤水。再盛进大铁锅用柴火熬，进一步蒸发，最后便得到结晶盐。

在中国的西部有盐碱地，那里的土地富含盐。马可波罗在他的书中提到制盐，用水冲洗盐土，而后煮沸和蒸发，可得到结晶盐。

在山西省的西南部，那里的解州[2]有一个浅水盐湖，约有18英里长，3英里宽，当地人利用太阳蒸发盐水而生产盐。盐业为政府经营管理，带来相当大的收益。为防止违法产盐，整个湖的四周筑有高墙。该地区的盐供应山西、陕西和河南省。在两千多年前的汉代，当地和周边地区所用的盐即由这个盐湖生产。

最令人感兴趣的是四川省的井盐，它起源于三国时期的蜀国（221—263）。由文献记载知道，347年在四川已经有一些800英尺深的"自流井"盐井，文献中也提到用燃气熬卤水。

罗马教廷的传教士因波特（Imbert）大概是最早写出四川省盐业的详细报告的人[3]。从他的报告中知道，在四川省的五通家[4]周边地区，遍布有上万口盐井。每个想致富的经营者都开凿1~2口盐井，打井的成本大约要1200两银子。这种盐井穿

[1] 所说"盐"的金文字形为 🜔。——译注
[2] 今属运城市管辖。——译注
[3]《信仰普及协会年报》（*Annals de l'association del la propagation de foi*），巴黎，1829。
[4] 位于今四川乐山市五通桥。——译注

过岩石层，有1000~2000英尺深，井口直径5~6英寸。打井采用了简单方法：先做井口，用一块大石头压在地面上，石头中间开孔，孔大到足以使一个木管穿过，打入地下3~4英尺深。打井时，用一个大的钢制冲击钻（重量约300~400镑），钻头切刻成粗糙的端面，钻杆端有一个圆环，用以拴藤条做的绳索，绳索将沉重的钻具吊挂在一个可以上下摆动的踩板的头部。在踩板尾部两边的上方，各竖起一个平台。一个短衣短裤的人从一个平台跳下，落到踩板尾部，即被踩板弹起，他趁势跳上另一个平台。如此这般跳上跳下，每跳一次，钻具就升高2英尺，随即带着巨大的冲击力落入井里。打井时要不时地向井洞里灌水，以把打出的石头粉末弄湿。钻杆上绑的藤条绳索[1]有一个手指粗，在它的上边，在钻杆与踩板之间有一个三角木。每一次，钻具因踩板的运动而提升，悬挂的绳索就带着三角木转动一下，由此钻具与冲击面有不同的接触，以避免钻具被卡住。打井时一天有两班人轮换。井打到一定深度时，用绞车将悬挂绳索绕在滚筒上，把钻具连带切削出的沙石提起来。打井穿过的地层不一定总是岩石，有时会遇到软土或煤层，在这种情况下，打井变得困难，甚至是无能为力，且打出的井孔容易偏斜。不过，通常打出的井孔都是垂直的，而且井壁磨得非常光滑。打井时，如果钻具的连接部分坏了，钻具掉入井下，为了用新钻头把原先的钻具打碎，把碎片弄出来，要花5~6个月的时间。正常情况下，一天大约能打2英尺深，建成一口盐井至少要三年。为了提升卤水，一根24英尺长的竹管，末端带有阀门，用绳子系住放入井里。当竹管到达井底，一位健壮的工人抓住绳子，尽最大的力气摇晃，使阀门打开，卤水涌入竹管。将绳子缠绕在大滚筒上，用2~4只水牛来拉绞车，把竹管提升起来。卤水浓度很高，加热蒸发可获得1/5或1/4的盐。

在打盐井时，有的井里会冒出可燃气体，如果将火把移近井口，气体会立刻被点燃，喷出的火舌有20到30英尺高。这种气体资源有很好的经济价值，利用这种资源的井称为"火井"。凡这样的井，井口用一个小竹筒封起来，并且可以通过竹管把气体引到所需的地方。在竹筒的小孔处，可以用蜡烛点燃气体，这样做并不会烧坏竹筒。燃烧的火焰是蓝色的，约长3~4英寸，直径1英寸。用一块陶片盖住竹筒口，便

---

[1]四川当地称为"鞭棒"。——译注

可以熄灭火焰。可以用燃气，或用无烟煤做燃料煮盐水。

在距"自流井"（今归富顺县管辖）40小时步行路程的地方，那里的井中会涌出大量的可燃气体，这些气体足够用作熬卤水的燃料。在一个山谷里，先前打好四口盐井，卤水采尽了，人们尝试打到更深的地层，最后涌出黑色易燃的气体。为了防火，在这些井口周围建起6~7英尺的高墙。在墙的周围有四个大棚，里面安有蒸发制盐的大锅。1826年8月，有一口井不慎着火，先是雷鸣般的爆炸声，接着整个墙围子里成了火海，井口火舌有20英尺高。四个工人抬来一块大石头想压住井口，但石头却被汹涌的气焰抛入空中。困难吓不倒人，中国人想出另一种应急办法，先把大量的水引上山坡，再一下子全放出来，水流冲到井上面，终于扑灭了大火。

在每口盐井的四边地脚处，都有一根竹管插到井里，分流燃气，并引导其流入制盐大锅的下面，这样的大锅约有三百余个。每一股火焰都有自己的管子，管子末端装有长6英寸，直径1英寸的陶土管作为燃气头。另外一些管子沿墙布置，把燃气引到大锅上面，作建筑照明用。还有多余的燃气引到建筑物外面，在那里点燃，形成三股大约有两英尺高的火焰，以这种方式来调节用于加热和照明的气体压力[1]。

1928年，我在四川考察期间，对盐井的了解不多。为了补充叙述，我想引用谢立山（Alexander Hosie）关于"自流井"更有分量的报告，这是谢立山作为敏锐的观察者，先后于1882年、1883年、1884年三年时间在四川所做的考察的总结。[2]

在四川的自流井，井口埋一块方形大石头，它的中心有一个洞，直径有几英寸。我看到伸进洞里的一根麻绳有一英寸粗。麻绳向上延伸，绕过一个可转动的滑轮，滑轮固定在一个构架的顶端。构架大约有60英尺高，能承受冲击力，类似于船厂的人字形起重架。绳索经滑轮引向附近一个固定的轮子，该轮子离地面几英尺高。绳索绕过这个轮子，进入一个大工棚里。工棚的地板在地表面下几英尺。在工棚中央有一个水平放置、巨大的竹制的轮子（也叫轮筒），高12英尺，圆周有60英尺。这个大轮子安在一根垂直轴上，上面所说的绳索就绕在这轮子

---

[1]据新的报道，多余的燃气可通过竹管输送到数英里外的家庭作坊，在那儿用于熬卤水和照明。

[2]谢立山：《在中国西部的三年》，伦敦，1890年。

上，离地面有6英尺高。

现在返回来说井。绳索另一端从构架顶端的滑轮下来，直接进到井里。绳索开始拉升，过了一刻钟后，系在绳索上的管子顶端（周长约9~10英寸）显露出来，并被拉到滑轮的跟前。与此同时，站在井口的一个工人，用一根绳子缠住那根管子——管子由许多竹竿接续连接构成——当管子的下端一露出头来，工人就把管子拉到蓄水池的上方。蓄水池是木制的，半埋在地里。工人用左胳膊抱住管子，右手拿一根铁棒从管子底部往上顶，把里面的一个皮阀门打开。由此，管子提取的看起来如黑色污水般的卤水顷刻泄入蓄水池里。再把管子拉回到井口，以极快的速度降下去。之后再提起来，重复前面的过程。在工棚里的轮筒旋转时，上面的绳索卷绕，拉升管子提取卤水。有四头水牛套着挽具，等距离地转着圈牵引转动轮筒。轮筒转动时，由于它高出地面有足够的距离，故不妨碍水牛前行。在一刻钟时间里，也就是到管子从井下提出来之前，拉动轮筒的水牛被四个驭者驱赶着绕圈快走。当那些可怜的役畜力气耗尽，口吐白沫时，就解下挽套，把它们牵回厩里，同时再牵来新的役畜替换。当役畜需替换并给出信号时，轮筒以极快的速度反转，在周围带起猛烈的风，直到管子再次落到井底。一口大的盐井要用40头役畜，一昼夜为一班，每一班提升卤水大约10次。卤水从主要的外部大蓄水池引出，通过竹管分流到较小的木制储水器中，这些木制储水器放在熬卤水的工棚里。在工棚的地面上，用砖砌了一排炉子，炉子上面有个圆口，正好放一个圆形、较浅的平底铁锅，锅的直径约4英尺。从上面说的储水器用竹管引出卤水，在锅里注满，然后在锅下面烧火。每个炉子都有一根竹筒，外表涂有石灰，并装有一个铁制喷嘴，从喷嘴口吐出火焰。在炉子周围有许多较小的竖直的管子喷火燃烧，为整个工棚照明，以便白天黑夜不间断熬卤水。提供燃料的"火井"与盐井相距非常近，建造火井要小心谨慎，竹管外敷以石灰防止漏气。从井口处竹管分成几支，送到熬卤水的各工棚。无疑，那些"火井"里有石油，井里的燃气或瓦斯提供了天然燃料。所制的盐有两种，块盐（或盘状盐）和粒盐。块盐是一种盐饼，有两三英寸厚，其形状和大小与平底铁锅完全相同。制粒盐时加入豆粉，可以使成盐显得白些。根据气体——火焰的强弱，熬一次盐要用2~5天。平底锅的重量大约为1600镑，并且只能用两周，之后就要换新锅。盐井深为

700~2000英尺。从浅井中打上来的卤水为褐黄色，而从最深的井打上来的卤水则是深黑色。用卤水熬盐，黑色的卤水较之黄色的卤水可多得一倍的盐。井越深，盐的浓度越高。据说，早在蜀汉时期，"自流井"就已经制盐。

"百眼井"（Pai-yen-ching）这个地方，有两口盐井，井深仅为50英尺。在这里，竹筒、绳索和水牛都用不上，只用小木桶。竹竿固定在桶的一边做提把，足够提取卤水。有一口井，井口扩大到井深一半处，形成一个井台，安了一个木架，工人从这里把装卤水的桶传递给站在地面上的人。在熬盐的工棚里，我们看到一排排泥砌的炉子，顶上开有圆洞，洞里放着圆锥形平底铁锅，都是由附近的铁作坊生产的。锅的大小不等，1~2.5英尺都有，安置也很随意。当这些铁锅中有一个烧得足够热时，舀一勺卤水倒入锅里，卤水沸腾冒泡，再下沉，最后在锅里留下沉积的盐。重复这一过程，直到积的盐层约有4英寸厚，并且形成和圆锥平底锅相同的形状为止。之后把形成的盐块取出，准备在市场出售。锅底部分的盐块是湿的，搬取时必须小心。另外，运盐时用牲口的脊背驮运，圆锥形的盐块会破裂，并不适合这种简陋的运输方式。四川一带也发现了烟煤，可用作炉子的燃料。在马可波罗经过这一地区时，正如他在书中写道的，盐饼被作为通货使用。

中国的岩盐似乎很少，见诸记载的有温州地区、直隶以及西藏的唐古忒[1]东北等地区[2]。岩盐在中国没有起到任何商业作用。

S. 韦尔斯·威廉斯先生说，在舟山（靠近浙江省海岸）的海水是如此浑浊，以致当地的百姓先要用黏土过滤它，再用它熬盐。

中国人早就认识到，盐是生活之需，盐业是税收的来源。早在周代，那时国家的岁入是实物，产盐地区以精盐向国家进贡。齐国（今属山东）相管仲（前700—前645）提出国家控制专营盐铁的政策，一些小国家先后跟着效仿，由此促进了社会经

---

[1] 清代文献中对青藏地区及当地藏族的称谓。——译注
[2] 作者限于当时的了解，故有此说法。其实我国除上述地区外，四川、云南、湖北、安徽、江苏、河南、广东、青海、新疆都有岩盐。——译注

济的发展。在这种背景下，四川发现井盐并加以开发（前330年）。[1]中国历史上朝代更迭，有的朝代盐业垄断管理比较开明，百姓对国家赋税不会感到沉重；有的朝代繁重的苛捐杂税，使穷苦民众缺粮少盐。当国家征收暴虐时，民怨沸腾，朝廷不得不暂时减轻百姓负担，可一旦实行，随之而来的财政危机又使得征税更加凶猛。8世纪时，大经济学家刘晏发现，每年盐的专营收入为20万两，由于他的才干，使专营收入达到300万两，这相当于整个国家岁入的一半。清末四川总督丁宝桢（卒于1886年）在一份报告中偶然提到近代盐业生产的税收情况。[2]岁入的厘金（商品运输中收的税）中，来自"自流井"盐井的金额一年逾100万两，按厘金是成本价的1/3，盐价按当时官价计，要超过300万两。而销售价通常至少是成本价的两倍以上，再加上厘金，这样算的话，仅是那些盐井，估计产值每年收入大约是600万两，其实际产值可想而知了。

盐专营在近代发展为用作国外贷款的担保抵押。那是在1913年1月，国外的贷款整顿和监察，使中国所谓的"盐务税"达到了高效状态。然而，在最近的12年，[3]由于战事的影响，给这项工作带来极大的障碍。

关于盐的应用这里说的不多，当然，盐主要是用来食用。不过，吃米饭是不用盐的，我还没找到形成这一习惯的原因。其他如肉、鱼、蔬菜等，总要适当地加些盐。

盐有保存食物的作用，这为众人所知，腌咸菜、腌鱼需要大量的盐。用盐刷牙是一种不常见的应用，日本早就有人这样做了——用小刀切一段柳枝，用它来沾盐刷牙。

---

[1]帕克：《中国》，第223页。
[2]《中国评论》卷十一，第263页。
[3]指20世纪20年代末到30年代。——译注

供水

　　人类的生存需要水。中国与其他地区一样，当其他的取水方法用不上时，就要挖井取水。然而，从水井较少的情况似乎可以判断，中国人并不是主动情愿挖井。在缺少河流湖泊等水源的城市，可以看到那里分布有许多水井，这种情况下，大多数水井都是公用的。习惯上，井不附属于私人住宅。每户人家，通常都有一些储存雨水的设施，但是不依赖公用井是不够用的。公用井所占的面积有限，通常一个方形地块，它的边长不超过街道的宽度，街道连通小巷，井就在这些街道的中心。用石头做成井栏（约有1英尺高），围在井的四周。天长日久，井栏被打水的井绳磨出深深的沟槽。来打水的人带自己的水桶，使用公共的井绳。

　　图172中是尚未完工仍在开挖的一口井。这井是在江西樟树的一个传教区，雇用了中国工人进行挖掘。在地上先挖出一个圆洞，用竹编把洞壁保护起来，以防井塌陷。挖井时用一种短把的镐，随着工作的进展，在井口上竖起一个粗实的井架，架起用于提升泥土的辘轳。两个X形木支架插入地里，在支架上面放一个粗圆木轴，用它来当辘轳。木轴的两端都有榫眼，在榫眼里牢固地插入天然形成的曲柄——利用割下来的弯曲树枝做成。在两个支架间的木轴上，用三个竹片做的三角框架分成了两部分（图上没有显示出来），在实际使用中，一根绳子在限定的一个区间内缠绕起来，而另一个分隔区的一根绳子则向下伸到井底。每根绳子末端都拴有一只木桶，当向上缠绕的绳子末端的木桶到达地面靠近支架时，向下松开的绳子末端的木桶则到达井底。井下的木桶装满挖出的泥土，工人转动辘轳提升木桶，缠绕在木轴上的另一根绳子松开，使空桶降到井下；而此时装满泥土的木桶随绳子在木轴上的缠绕被提到地面。把提上来的装满泥土的桶倒空，再把井底的那只桶装满土，之后辘轳再反向运动，使空桶下降，满桶提升。两根不同的绳子围绕木轴缠绕的方向相反，故当一根绳子在木轴上缠绕时，另一根绳子则从上面松开。

　　在老的物理教科书里，作为差动运动的举例，有时会提到被称为"中国辘轳"的模型。它的轴分为直径不同的两个部分（见图173）。绳子在轴上的一个部分缠绕，

图172 挖井工人用的辘轳

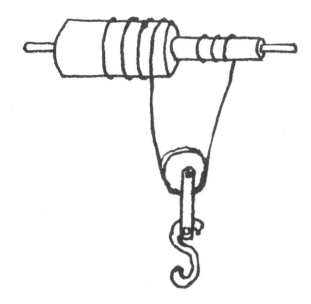

图173
差动滑轮或"中国辘轳"

同时在另一个部分松开。西方的差动滑轮装置是同样的原理，用它可以较轻松地提升重物。我没有证据证明中国人使用过差动滑轮。我们讨论的挖井用的辘轳，与称作"中国辘轳"的差动滑轮，这两种起重装置的效能完全不同，而它们的共同之处，即在同一个轴上，一段绳子从轴上的一部分松开，同时另一段绳子在轴上的另一部分缠绕起来。

挖井工人用的木桶，用几个竹片做的圈松松的包起来，竹片穿过桶耳孔，绕过桶底，如图172所示的那样。这样做的目的既利于系绳子，也起到保护木桶的作用。跨过井边，在抬高的一块板子上可以看见一把大锤，圆板形的锤头是铸铁做的，而锤子的柄看上去又细又软，与锤头很不相称。使用这种板形的锤头，它的每个面都能撞击被打物体，易弯曲的锤柄能增加冲击力，挥动这种摇摆的锤头可以猛然向下击打在物体上。北美印第安的苏族部落人有一种打仗用的棍棒，称为"保格木根"（Pogamoggan），这种武器有柔软易弯曲的柄，如它的绰号"咔嘶—嗨嗨"（casse-tete）那样能听见挥动和落下的声音，它的作用一定是非常有力的。当我们调查古代用石头做的棍棒头、锤头和滚轴时，就可以发现，在世界不同地区，从石器时代古人使用的工具中，常常可见安插把柄的孔，比我们现在使用的小得多，从这些看似与锤头不成比例的孔中可以推测，在史前时期，古人就已经知道使用柔性把柄的原理了。

在一口井挖到期望的深度后，中国人通常用打凿整齐的石块，从井底一直向上在井筒里砌成衬壁，随着石砌衬里逐渐升高，竹衬（从图172中可见）也不断移动，在快要到井口之前，井筒直径逐渐收小，最后与安置的井口石板直径相同。

关于井的起源，一种说法认为井是由黄帝发明的，据称黄帝在位有100年（前2697—前2597）。另外一种说法是，"那些从广阔的西亚地区迁徙到黄河上游的移民，在定居后开始挖井。"[1]

图174所示的井边吊杆（古时称为"桔槔"）是在江西省南昌拍摄的。在江西，

---

[1] 当查阅证据时，我收到刚出版的H. G. 克里尔（Herrlee Glesssner Creel）的《中国之诞生》（纽约，1937年），这本书颠覆了我们对早期中国的概念。克里尔先生有独到的批评眼光，有概括所有可得到材料的能力（包括最新的考古发现），能把握商周的青铜器铭文以及铭文与古典文献研究的关系，所有这些都显示了作者是一位有造诣的中国问题专家和古文字学家。这部吸引人的著作，开辟了不曾料想的领域，拂去了我们长期认识模糊的时代尘埃。

图174
井边吊杆（桔槔）

这是众所周知的设施。早在公元前6世纪，一位圣人端木赐[1]的言辞证实了这种古代井边的设施。他描述到，吊杆是木制的，它后面的部分很重，它前面的部分很轻，能像泵的作用一样提升水。[2]

桔槔的结构说明一下：两个直立的木柱稳固地插在地里，并用斜柱子支撑。在两个直立柱子之间，用枢轴装一个大平衡杆。在杆的一端用很大的石头加重，作平衡用的另一端拴有绳子和系住的装满的桶。绳子从杆末端到桶之间约有23英尺长，桔槔整

---

[1] 即子贡，孔子的学生之一。——译注
[2] 原见《庄子·天地》："子贡南游于楚，反于晋，过汉阴，见一丈人方将为圃畦，凿隧而入井，抱瓮而出灌，搰搰然用力甚多而见功寡。子贡曰：'有械于此，一日浸百畦，用力甚寡而见功多，夫子不欲乎？'为圃者仰而视之曰：'奈何？'曰：'凿木为机，后重而轻，挈水若抽，数如沃汤，其名为槔。'"——译注

图175
用于提升水的下冲式水车

个结构都是用木头做的。

如果绳子断了，桶落到井里，中国农民和宾夕法尼亚的农民遇到类似困境时的解决办法相同，农民拿上自己的工具，即铁爪钩（见图178），连同绳子放入井中，用绳子摆动沉在水下面的铁爪钩，直到某个钩（或倒钩）钩住桶为止。

从图178中可以看到，这个爪钩的柄上有三个倒钩，另一头有一个环，用来拴绳子，整个工具长10英寸。我是在江西省南昌的一个旧货商那里买到这个爪钩的，这些物品都摊开在旧货交换的巷子的地上，那个地方很有名，是因为附近有一座很矮的桥，桥的支柱很老了，很多怀孕的妇女靠着桥柱摩挲肚子，以求保佑生个男孩。

为了灌溉，有时候使用类似于图126至图132所示的水车。图175显示了一种用于提升水的下冲式水车，这是我在江西省袁州拍摄的。这种水车粗略地装配起来，有许多竹筒用竹条绑扎在水车的框架上，竹筒的一端封闭（利用了竹节）。竹筒浸入水

图176　磨坊用的下冲式水车

中灌满水，再由水车带动转到顶端，随转动把水倾倒进水槽里，再通过竹管流到附近要灌溉的田里。这些灌溉的水车直径20～30英尺，转动这一大轮子利用了水流冲击的原理。正如图中所见，围绕水车轮子的周边，装有许多木板，这些木板因水流冲击而移动，从而使水车轮子转动。小型的下冲式水车利用了相同的导水槽，以给邻近安在稻草棚里的杵碓提供动力。在每个轮子的前面都设有一个水闸门，打开或关闭水闸门，可以使水车轮子转动或停止。

　　图175与图176所示的水车结构和用途是不同的，图175是下冲式水车，用于为田地灌溉；而图176（也在江西省袁州拍摄）是用来推动磨坊的机械运行。在此，可以提出一个问题：中国人有关水车的知识是否是从西方来的？B. 劳弗尔（B. Laufer）在他的《中国汉代陶器》（1909）中说：水磨于1世纪传入欧洲；而与此同时，中国人的文献首次明确地记载了水磨。这就导致劳弗尔推想，这两个地方的水磨都是从罗马人那儿引入的。他进一步说，一直到610年，日本、韩国才建造出第一座水磨；而

西藏建造水磨是在635年。

拜占庭的菲隆（Philon）已知道上冲和下冲水轮，大约在公元前230年，他在关于水利的书中对这种水轮作了描述。斯特拉博（Strabo）在他的地理学著作中讲到米特拉达梯六世约于公元前88年，在小亚细亚建了一个由水车驱动的磨坊。这种关于水车的最早信息似乎是对东方而说的，而且有很多理由推测，罗马人从亚洲获得了水车知识。

中国人知道卧式水车，这是我从1742年中国出版的一部农业著作中得到的线索。不过我不曾在中国中南部地区见到卧式水车，好像只在中国的北方才有这类水车。杜·哈尔德（Du Halde）在他的《中国记述及其他》（1738）一书中说："水

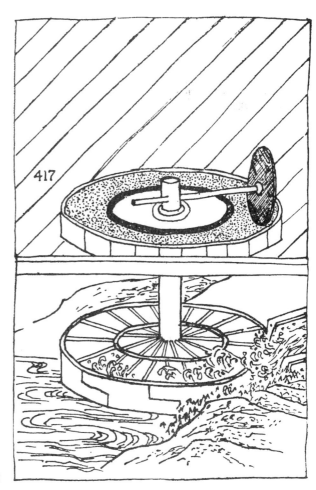

图177
转动磨的卧式水轮

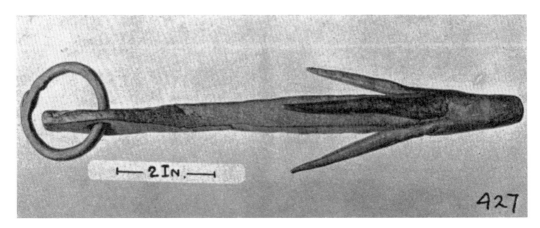

图178　爪钩

磨通常很靠近河边，用剥去树皮的树木制成。磨坊的水车水平放置，并且有两个'配对轮'（Fellows），相互间距离大约有1英尺或1.5英尺，这些'配对轮'把倾斜放置的小块木板连成整体，以使在它们上面的部分留有足够大的空间，而在下面的部分很窄。水从那些小木板上方两英尺高处像小瀑布似的冲落下来，使得水车非常迅速地转动。"

　　另一位作者亚历山大·威廉森（Alexander Williamson）在中国北方重点考察，对普遍使用的卧式水车作了更多的说明。[1]哈尔德只是说清楚了卧式水车流行，而威廉森作为一位敏锐的考察者，他脚踏实地地从一个村庄到另一个村庄，足迹遍及中国北方的大部分地区。威廉森在一个偏僻的山区偶然发现了卧式水车，并描述了他看到的奇特情景：

　　　　在直隶和山西之间的故关[2]山口，沿着清漳河有许多磨坊用水坝，大多数谷磨都是由水车驱动，在平面内运动，实际可以说是一种涡轮。这种形式的水车制作得巧妙，适应于山间溪流。将木制喷水口固定，使水流以适宜角度冲击轮缘。水磨有两个大石盘，主动轴转动下面的一个石盘，这与我们的习惯正相反

[1] A.威廉森：《中国北方旅行记》，伦敦，1870年。
[2] 即井陉关。——译注

（威廉森先生是苏格兰人）。上面的石盘是固定的，用结实的绳子松垮地系在围墙上。在磨坊的一角，有一台簸谷器（很像是一种筛面粉的设备），其中有一个长筛子，用粗绳子把筛子吊在屋梁上，筛子下面装有木盘，由一个转轴使它工作。一个小轮子提供动力，小轮子安在立轴上，同大轮子一样。

养牛

常有人说，中国人照料他们的牛胜过自己。若是一头牲畜拉动灌溉水车，中国人会建一个棚子，以免它受太阳照晒；但如果是用人力拉动水车，就认为没有必要建什么设施。在江西省许多地方，都有供黄牛或水牛用的单个牛棚，这可进一步说明对牛的优先待遇。这些牛棚，是在碎石块地基上用砖坯砌起来的圆形建筑。它们一般直径有10英尺，建筑的墙厚约4.5英寸，棚顶高6英尺。进口开在左边，门宽约3英尺，几根木梁架在该建筑门口的上边，横梁上堆放稻草或麦秸。棚子的地面保持干燥，让人感觉很舒服。图179是江西省沙河附近一户中国农家的牛棚，在一个牛棚前站着一头水牛，正在晒太阳。棚子垂下的稻草，部分已被吃掉了，这表明稻草是牛饲料的一部分。牛棚所在的地方，有一棵高大的樟树遮阴凉。有些地方储存稻草不便，

图179　被一棵大樟树遮阴的牛棚

便围着树把稻草堆起来，堆得很高。牛在底下吃稻草，因而围着树形成了奇特景观，一个大稻草环，距地面四五英尺高，这让人很惊奇：在地上怎么把稻草堆上去的？无疑，开始时靠树呈放射性地堆稻草，从一个方向（或反方向）一层一层地堆放，直到堆高起来。

也有牛棚是靠着住宅侧墙建，是单坡顶建筑，分两个畜栏（图180显示了其中一个），这种牛棚与住宅有一个小窗子连通，窗子直通农民睡觉的房间（位于图180的左边，没有显示出来），窗子上插着铁棒，用作防护。在畜栏的外边，即图180中的前景，有一只木桶，用来装牲畜饮用水。在木桶的左边，有一堆芋头（也叫中国土豆），上面盖满了泥土，以保存到开春后栽种。畜栏本身看上去像个笼子，由连接在横梁上的四根立柱组成。在前面有五根细长的木棒，插进横梁的孔里，其中一根细木棒可以向上提起来移开。这样，这根木棒就可以从上边横梁中抽出。如此打开，刚好有了让牲畜进出的洞口。这看上去似乎不太合理，让人感觉畜栏里的牲畜有可能拱起细木棒走出去。为了防范细木棒被拱起，在可以移动的那根细木棒上，紧靠横梁的下

图180
牛的畜栏

66

2 FT.

面打了个孔，孔里可以插入一根小竹竿，由此起到防止细木棒被拔出的作用。围住畜栏的有两面墙，高度可以看见牲畜的头，有些不够结实。因此，农民用木棒在墙角进行加固，另外把一些木棒放在畜栏的顶上，在上面覆盖竹编的席子做棚顶。棚顶上也堆放一些器具和稻草。作为铺底，将稻草摊铺在畜栏里的地面上，形成畜栏的"软地板"。图180是在浙江省新昌拍摄的。

在中国，人牵着系在木头或金属制的牛鼻栓上的绳子，这使得牛老实，用起来安全。就牛而言，分黄牛、牦牛和水牛。牛鼻栓穿过牛的两个鼻孔间鼻中隔的软骨壁，通常牛鼻栓用木头或竹子做成，它的一端有一个头，另一端则有点像球茎状，这样系在上面的绳子不会滑脱。在牛幼小时，就要给它穿鼻孔，用尖利的铜钉穿透牛鼻中的隔软骨，直到软骨壁的孔愈合，才把铜钉取出。除了这种穿孔术，更便利的方法中国人好像还不知道。

正是在生物组织上穿孔的相似技巧，使我们想起世界各地的妇女用耳饰打扮自己

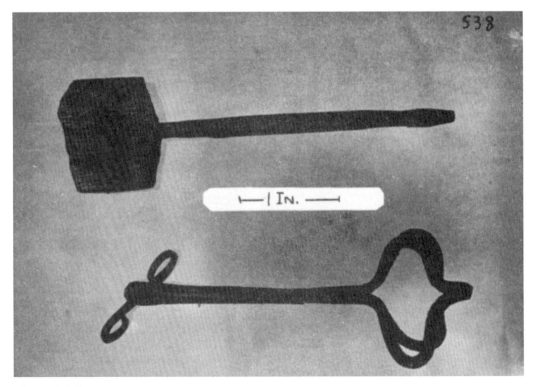

图181　牛鼻栓

的方式，穿过耳垂上细小的耳眼戴耳饰，而这耳眼是用针扎出来的。欧洲人较古老的方法，是用加热到赤红的针穿孔，以防穿出的耳眼再长合。而中国人有他们自己的方法，用带有丝线的针刺穿耳垂，并将一段丝线留在耳眼里大约两周时间。

留在耳眼中的线，每天前后拉拉，以防耳眼再长合。戴耳饰的耳眼，如果长时间不用，会慢慢地长合。为了避免这种现象，没有耳饰的贫家女孩，将干茶叶茎穿进耳眼，把它留在里边，日思夜想盼望自己的恋人到来，给她带来耳饰，用翡翠耳环或贵重的珍珠耳坠将不体面的临时之物换下来。

图181的上方是竹制的牛鼻栓，这是我在江西樟树的田地里发现的，在樟树我还买到了一个很好的锻铁牛鼻栓。在德国，以前习惯用穿牛鼻来牵引公牛，后来认为这是残忍的方法，至今已禁止多年了。我想起童年时，在地区展览会上看狗熊表演，当时是用绳子牵着穿狗熊鼻子的鼻圈。我又想起有一次在上海，见到一位人力车夫，他的鼻子上穿有一个小的金鼻环，他来自江苏省一个乡村，他说家乡有在鼻子上穿环的习俗。

图182
木制的牛颈铃

　　图181上方的样品是竹子制的，用来穿牛鼻子鼻中隔的孔，绳子系在光滑的杆上，靠近鼻栓轴的末端。另一端的平板部分是用来防止鼻栓从一边滑出，以保持其位置。图181下方的另一个牛鼻栓，是用锻铁造的。为了提高其价值，它的左边部分做成弯曲的花样。牛鼻栓穿进牛鼻中隔的孔里，十字横杆的右端弯成曲状，绳子就系在这个曲状的圈里。用这种方法，当牛负载很多，受到伤害，也很少见牛不听驱使的。

　　在江西和浙江的某些山区，用竹子制作牛的颈铃。图182是一个典型的例子，用一段竹子，直径约3英寸，长6英寸，做成发声的竹筒。将它边壁的一部分去掉，插入木制的铃舌，并且让它们能充分地敲出声来。虽说这种牛铃粗糙一些，但用途还是很好的——它没有优美的旋律，却能产生足够的声响，帮助找到离群的牛。

　　这里所示的样品，是在浙江省的天台山附近得到的。当我们询问山里农民的物品时，他们对我们报以不解的笑意，但当意识到我们是想要一个牛铃时，这个牛铃立刻在他们的眼里成了值钱的东西，最后我们说了一大堆好话，花了一笔大价钱，才得到他们的一个木头宝贝。

捕兽器

　　用弩弓做捕兽器，除了中国，可能在世界其他任何地方都找不到。所见的弩弓主要由一段竹筒和一根麻绳做的弦构成。有一个小的叉形的木支柱（弓马），形状像英文字母Y（倒置），其作用是当弓弦拉紧时，用它挂住弓弦。用细绳缚住弓马的分叉把它绑在弓的末端，要留出分叉的顶端部分，以挂弓弦。当弓弦被拉紧后，弓马直立地顶住弓柄，使得弓马的两个分叉跨立于开槽的弓柄上，正好在弓弦下，并使弓弦拉紧。另一根绳子绑着弓马的杆身（字母Y的底端），并延伸到三个木销子（见图183），用一个挂索钉把它套在这里。一旦这个挂索钉被推离销子，会使弓马松开，即射出弓弦上的箭或子弹。弓柄在底部有两个方形孔，两根方头木桩打进地里，其末端露出地面大约2英寸高，正对应弓柄底部的方形孔，以把弓可靠地扣在地上，弓柄平放在木桩上，从上面向下压。

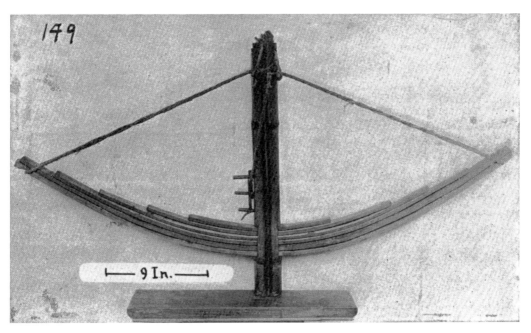

图183　弩弓捕兽器

　　弩弓以这样的位置安装，以适当的角度对准猎物或动物经常出没的路径。另用一根绳子一端系在挂索钉上，另一端引到小路上，并连在适宜的诱饵上。当捕兽器安好后，把一支带有铁箭头的木箭杆安在弩弓顶端的槽里。捕兽器的动作只能想象，因为从来没有任何人在现场目睹过。可想野兽咬住诱饵拖动它时，连带绳子牵动弩弓上销子的挂索钉，挂索钉放开弓马，弓弦即在弹力作用下将箭射出去，如果是幸运的，猎物会被射死。当猎物咬上诱饵时，关于这个巧妙的装置如何使挂索钉能轻易地从销子上滑脱，只好留给大家去推测了。我已尽力试图了解，但却没有得到这个装置的任何细节，人们甚至把所用的箭也藏起来不让我看。

　　弩弓的结构简单，却很有效。6片富有弹性的竹片插进弓柄的开孔，弓柄是一段竹筒，长22英寸，直径2.25英寸。竹片或弓体长4英尺。这里显示出的弩弓，为了便于照相，直立朝上放在一个木板上。这种弩弓捕兽器在浙江的天台山区使用，照片是在浙江省的西岙拍摄的。

　　在德国慕尼黑，当我还是孩子时，我们家有一把瑞典人用的旧弩，有一个由钢片制成的类似于弹簧的部分（中国人曾使用类似这种弩弓做的捕兽器），我曾拿它学习射箭，但没有学会。在中国的古代故事中，充满了用木制弓箭作战的记载，流行的观念是，它们是常见的带弦的弓，而不是带有中心柄的弩。在植物学著作中，会提到适宜制作弓箭的多种不同的树木。

　　有趣的是：在中国的这种弩上，有十分发达的竹簧片，应该适用于货运大车和载客的轻便马车使用。但来自中国内地的旅行者说，在粗劣的道路上，坐着没有弹簧的马车，一路颠簸，让人满腹抱怨。

　　我在《香港电讯》读到一则有趣的报道，说福建人常常用弩做捕兽器——这恰好与我发现的南方地区所用的弩一样——我引述原文如下："虎弓（Tiger-Bows）值得一提，这种弩既大又重（与一般的弩相比），固定在一个木架上，木架放到靠近老虎或其他大野兽经常出没的路径。由两个人抬虎弓到路边放置：横过路面拉一根绳子，绳子连着虎弓，当绳子被野兽触动，箭就朝目标发射出去。箭的力量是如此之大，以致箭杆常常从虎、鹿、野牛的身子的另一边穿出。为确保射中目标，箭头通常做成双倒钩，并涂上毒药。在福建省与陆地相隔的厦门岛上，那里的人常用虎弓，每年至少要射死50只虎豹。"

同样在《香港电讯》[1]，有文章介绍论及中国武器的制作，这使我们知道，中国古代早就用弩做武器，书中有不少关于弓的令人感兴趣的资料，如："在箭术中，中国自古以来不乏射箭高手，特别是在满洲里和四川等地，他们用的弓有三种类型：长弓（超过5英尺）、短弓（约4英尺长）和弩弓。弓弦用肠线、丝线，或者将丝线包在中间用手工捻制出非常结实的麻绳做弓弦。弓按照它所需要的拉力分等级，标准的弓为100斤。为了确定将弓弦拉到一定开度的拉力，测试时将弓柄中点悬挂起来，在弦中间吊上重量不同的重物，直到弓弦离弓柄约等于箭的长度。名弓箭手用很硬的弓，拉力在90~180斤。而成名的中国的'罗宾汉'[2]，据说能拉250斤的弓。弓的材料、结构、制作和装饰都很考究，弓体是用几种不同的木料复合制成，并且常在弓上做镶嵌或雕饰，直到它成为一件真正的工艺品。"中国弓的强度一般为40~80斤；以丝绳为弦；箭的制作讲究，装有箭翎，而箭头是用铁或钢制成的，带有倒钩。

在山东省著名的汉武梁祠墓（约葬于公元前147年，现代发掘）画像石中，刻画有一个带弩的弓箭手，可惜弩的细节已不能辨认。在中国许多地区，常出土有装在弩柄中的青铜扳机，而且多属于汉代制品。在早期中国的史书中也提到弩，据记载周代制度的《周礼》记载，早在公元前12世纪，中国就有了弩。司马迁的《史记》中也提到，公元前6世纪，大将军孙武在他的军队里采用装备弩的弓箭手分队。这些记载表明，至少在西元纪年以前，中国就在使用弩，而且很可能就是中国人发明了弩。这些发明的意义如今已经消失不存，然而在火器出现之前，它具有巨大的重要性，弩的致命杀伤力促使教皇英诺森二世（Pope 1nnocencen Ⅱ）在1139年限令使用它。

图184中的弓捕兽器，与弩的捕兽器作用原理一样，利用了弹性。与西方相比，中国对弹性的应用并不普遍。

当今时代的进步，使人类变得企望利用任何可以想象的机器原理做事。假设我们退回到那个蓬勃向上的年代，即大致从1820年开始由机器影响的时代，我们会发现许多日常器物中都应用弹力，如货运马车和载客马车，床垫和装有套垫的家具，门铃、挂钟和手表、枪机、捕兽器、大剪刀、拨浪鼓、搅拌器，等等。那时在西方利用

---

[1]见《香港电讯》1892年8月17日，介绍沃纳的《中国社会学》，伦敦，1910年。
[2]12世纪英国的一位传奇式杀富济贫的英雄好汉。——译注

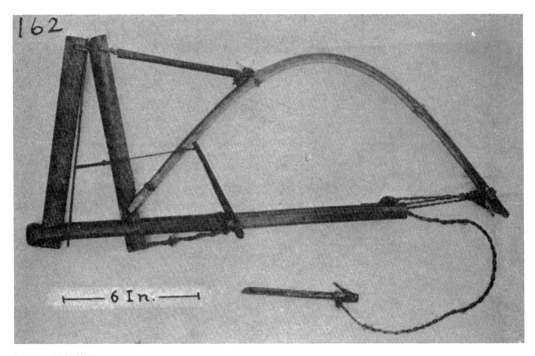

图184　弓捕兽器

弹力随处可见，而在中国却不是这样，中国人虽对弹力原理也了解得很清楚（例如捕兽器），但应用却较少。中国的簧片大部分是用木头或竹子做成，因为这些材料的弹性很适中。我在中国人用的小钳子和挂锁里见过用金属簧，其他例子如悬挂在一根弹性竹竿上的弹棉花弓、制砖工人用的切黏土的弓、各种捕兽器，再就是老式军队装备的重要兵器弓和弩。螺旋簧也为人所知，用于手锯架中，用绳子和挂索木拉紧锯条。

　　图184中的弓捕兽器是装好待用的，它实际并不是如照片中那样直立地放置，而是平放在地上，在捕兽器下边有一根与弦相连的木棍，用时插进地下，以防捕到的野兽把捕兽器拖走。诱饵用一些稻米，放在捕兽器左下角，在两个直木臂之间形成的梯形空间中。用这两个直木臂当作夹板，当捕兽器被触动时，它们立即闭合。右边的夹板是一个竹制板条，9.25英寸长，0.875英寸宽，0.25英寸厚，它在捕兽器的主杆（图中底部）的夹槽里滑动。竹弓（即竹簧片）的一端，插进右边夹板上、位于右下边的一个槽口里，并紧紧压住它。用一根短的细绳连到夹板底部，使夹板保持张开；夹板底部由一个木棒的杠杆作用而拉紧；而这根木棒放到紧靠捕兽器主杆的销子边

上。这根木棒的上端由一根细绳拉着，细绳绑住一根小支棍，小支棍长1.625英寸，放在张开的两个夹板之间。小支棍（即释放棍）的右端紧靠捕兽器可动夹板的窄边棱上，它的另一端刚好推到一根很细的竹片下边，这根竹片在固定的夹板边上抬起来。如果觅食的动物触动两个夹板之间的那根细竹片，小支棍被释放，捕兽器即会夹住动物的脚或身子。整个捕兽器的长为21英寸，最宽处为9英寸。我在江西省沙河发现这一捕兽器，当地农民常用它捕捉大田鼠。

捕鱼法

在中国，仍然保留着用手工制作鱼钩的传统技巧。如图185所示，这是由江西德安一位制针匠人制作的各式鱼钩。这些鱼钩使用外国的金属丝，把一头磨尖，做成弯形，用錾子錾出倒钩。鱼钩的末端通常打平，以免系在上面的麻线滑脱。某些鱼钩的末端有小圆孔，以系住线绳。图185中的一些鱼钩的系绳，就是用白镴（锡铅合金）条牢固地绑在鱼钩把上的。1869年，传教士威廉森在山东省博山考察，他看见钓鱼者拿飞虫作饵用精致的鱼钩钓鱼。[1]

古代的鱼钩上有倒钩，这是毋庸置疑的。在巴勒斯坦的基色（Gezer），出土了一件有倒钩的青铜制鱼钩，专家推断至少是公元前1000年的制品。中国史书记载，在西元纪年前，贵族已用金钩丝线钓鱼。还有系在浸入水中鱼线上的浮标，早先是用芦苇芯。看到飘浮的浮标下沉，钓鱼人就知道鱼儿上钩了。

提到有倒钩的鱼钩，我有一个有趣的问题，就是它的起源：箭头的倒钩、矛枪的倒钩或鱼钩的倒钩，究竟谁在前，谁先影响了谁？

在江西省鄱阳湖周边，人们使用一种非常原始然而很有效的钓鱼工具代替鱼钩。这是一个大约1英寸长的竹片，有很好的弹性。竹片的两端呈弯曲状，使它们之间夹住一粒稻谷，用一段芦苇做成环形，套到竹片的两端，使之保持在这一位置。一根细绳系在竹片的中部，竹条弯曲的部位呈椭圆形。它的动作方式可以想象：带有稻谷的过度弯曲的竹片作为鱼饵，在水中摇晃，贪吃的鱼儿猛然咬住它，纤弱的芦苇圈被扯开，鱼嘴咬住的竹片突然伸直，卡在鱼嘴里或喉咙里，鱼被抓住了。通常是把相当多的鱼钩或代用鱼钩，系在一根麻绳上，绳子放在水下面，水平拉直。所用的绳子相当长，可达一千英尺，它的两头被固定住。大约每隔一英尺，就绑上一个弹性竹钩，之后把它放到水里过夜。用这种方法捉到的鱼，数量常常相当可观。

---

[1] A. 威廉森：《中国北方旅行记》，伦敦，1870年。

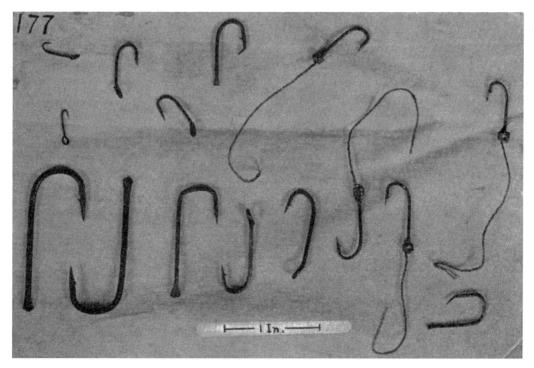

图185　中国鱼钩

　　即使我很严肃认真，也会被人怀疑是吹牛皮，但不管怎样，我要引起西方人对中国人奇异的捕鱼方法的关注：渔夫稳坐在他的小船上，鱼儿纷纷跃出，离开湖泊的怀抱，自愿地跳入船中，这是多么奇妙！渔船长而窄，从船舷边伸出一块木板，向下倾斜进水中。木板当然要涂上白漆，月光必定照到它的上面。这听起来非常浪漫，但不可思议的事确实发生了：渔船驶近，扰乱鱼群，鱼被木板反射的月光诱惑，纷纷跳起躲避这一"障碍"，而恰好落入船里。我没有同渔夫一起坐船在月光下捕过鱼，但我常看见鄱阳湖上的那些渔船，带着长长的伸出船舷的木板。

　　任何在机械上显得有点儿复杂的装置，我们会认为那是西方世界的产品，如果我们看到手中的鱼竿线轴装饰美丽，有光亮的镀镍层，我们几乎不会想到它的原型是在中国，但这却是真的。图186中的钓鱼竿，是在观念守旧的江西省见到的，这里曾经抵制西方的器物进入，反对西方观念的影响。

　　钓鱼竿长5.5英尺，用柔韧的木料制作。一根铁钉穿进鱼竿较重的尾端，做线轴的轴。线轴（即线轮）是一个木制的轮毂，有6根木头辐条，对称分布，在每根辐条

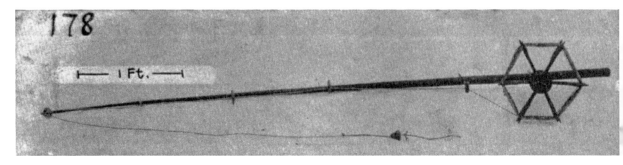

图186　带线轴的钓鱼竿

的末端有凹槽，用来绕鱼线。鱼线从线轮出来，穿过一个固定在竿上的有孔螺栓，再穿过许多小琉璃环，它们以一定间隔绑在鱼竿上。鱼线的末端系上一个向下沉的铅锤，上面用带子系住鱼钩。鱼是很小心的，假若鱼线作为一个整体部分明显地摇晃，鱼是不会接近鱼钩的。无疑，在西方纪元之前，中国人已经从经验中学会，为钓到鱼有点儿小欺骗是必须的。

引鱼上钩的一种方法，是用光灿灿的金制鱼钩，再带点银色或绿色，使之丰富多彩；钓鱼线用天蓝色的翠鸟羽毛装饰，或者染成红色或绿色。最后，钓鱼者用肉桂树皮做鱼饵。尽管史学家对此未予置评，但这样做的结果必定被证实是煞费苦心的。

在我的家乡，有一种类似于把鱼钩粘在钓鱼线上的方法。我们所用的接钩线，也即在主钓鱼线与鱼钩之间的短线，是由蚕茧丝做的，从蚕茧抽的丝要比一般的蚕丝粗，做成的接钩线不沾水，几乎无色，浸在水里不会引起注意。为了钓到鱼，用蚕茧丝将带饵食的鱼钩和钓鱼线隔开连接，是很有效的。

在江西省南部，靠近广东省的边界，那里的樟脑树上爬满了蚕，在吐丝作茧后，蚕茧会从树上掉落下来。中国人把它们收集起来，再缫丝成长约1.5英尺的丝线。这些丝线经醋酸处理，最后卖给日本商人。日本商人对当地爱打听的人说，这些丝线用来做飞机的材料。我怀疑这是个幌子，那些丝线被叫作"蚕茧丝"，最后很可能转手销售到美洲和欧洲，作为钓鱼线的接钩线。

在江西鄱阳湖，人们常说，有九十九种捕鱼法。而当你好奇地问为什么没有一百种时他们会告诉你，若真有一百种捕鱼法的话，就没有鱼儿会留在鄱阳湖了。中国人的确在实践中创造了许多种捕鱼法，体现了本土智慧，可体的装束，自夸的机敏，通情又达理，这一切阻止了那种过度捕捞而根绝渔业资源的做法。

图187中的工具，是用来捕捉一种细长的河鱼的器具。它装有一只柄，是一根长约4英尺的直木棒。捕鱼时，人站在水又清又浅的小河里，双手握住木把，器具的金属部分进入水里，叉尖接近小河的河底。人站在水里不动，一看鱼游过来，径直向鱼叉下穿过时，即突然用力把叉子插下去，就这样把鱼卡在河底。捕鱼人就可以用手很容易地捉住他的捕获物。捕鱼人的帮手常在小河的上游或下游搅水，把鱼儿赶向适于捕捉的方向。捕鱼的鱼叉，铁质部分长8.5英寸。叉有四角，刃口锋利，且尖端朝外弯。我在江西省建昌得到图187中的这个样品。

在鄱阳湖区的南康，我拍摄到做火把照明用的铁灯笼，即号灯（见图188）。为了在夜间捕鱼，渔夫乘小船到河里，一个人手拿着如图所示的这种灯笼，铁的把柄承窝装有一根长木杆，用它把灯挑在水面上。这是人所共知的事实，即中国人善用的方法，用灯光引诱鱼。如当地人告诉我的，用这种方法，对用网捕鱼大有帮助。铁灯笼包括吊钩在内，高8英寸，开口直径为5英寸。带有承窝口的铁把长7英寸。燃料是小块的松树脂。

稻田养鱼捉鱼是中国人另一种独特的捉鱼法。初春时节，农民把一些稻草捆放在河堤边的水中，成为游鱼的产卵之地，待稻草捆附着上鱼卵，便把它们拿到灌了水的稻田里。此后的几个月里，鱼苗生长，直到长大到可以拿到集市去卖。为了捉鱼，农

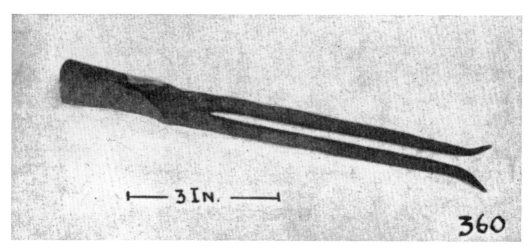

图187　鱼叉

图188
夜间捕鱼的灯笼

民在稻田里来回蹚水，并用竹棒搅水。一看见鱼，农民就迅速用罩篓子把鱼罩住，罩篓子顶端开口，通过开口可以把伸手到里面抓住罩住的鱼。罩篓子是圆形的，用竹篾编成，在顶上留有很小的开口，下边没有底。

　　稻田里不仅有一般鱼，也有人工放养的鳗鱼。图189中的篓子，就是用来存养捉到的鳗鱼的，够了一定数量，就拿去市场交易。图中的鳗鱼篓子是倒放的，封闭的圆形底部一般插进稻田的水里，漏斗形顶部为开口（在图中倒放而看起来像是底部）。图中右边最大的鳗鱼篓子高3英尺。中国人用来捕捉鳗鱼的工具——我们叫它"鳗鱼罐"——与存养鳗鱼的篓子形状相似，也许更长一些，在尾部有个可拿开的盖子。这种鳗鱼捕捉篓子的进口部分，因竹条伸开的间隔而成空心的篮子，鳗鱼很容易滑过这些竹条进入篓子，而竹条有弹性闭合装置，阻挡住鳗鱼的退路。鳗鱼捕捉篓子一边靠水，陷进篓子中的鳗鱼可以通过尾部移走。

　　图190中的捕鱼工具是一把鳗鱼夹钳，用来捉滑溜的鳗鱼。中国人常在灌水的稻田里放养鳗鱼。鳗鱼夹钳是由锻铁制作的，夹钳的两个部分用铆钉做枢轴连接在一起，夹钳大约长10英寸。一个下雨天，我们在江西省万载目睹了一位铁匠打造这种

图189　存养捕到的鳗鱼用的鳗鱼篓子

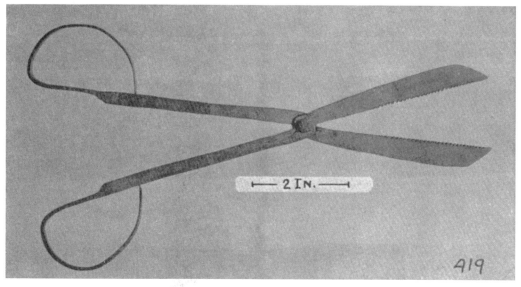

图190　鳗鱼夹钳

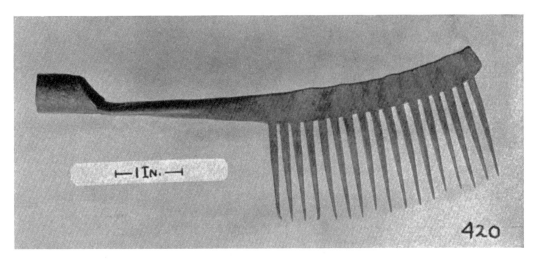

图191　梳形鱼扎

夹钳。在四根柱子撑起的一个棚屋里，铁匠坐在矮凳上，在他面前的地上有铁砧和炉子，另外，一只小陶钵与一台风箱用管子相连。这个铁匠只做小器物，他能沉下心来把东西做好。按照他的劳动效率，一天大约可制作20把鳗鱼夹钳。当店铺打烊时，铁匠把风箱、铁砧、炉子以及所有的工具随身带回家。

　　另外一种捉鱼工具，也是由那位做鳗鱼夹钳的铁匠制造的，如图191所示，看上去像一把梳子。它应用了三叉戟的原理，这是自古以来渔民就使用的器物，为了叫起来名字好听，我们不妨叫它为"多齿叉"（poly-dent）。一根长木柄插入"多齿叉"的承窝，木把的长度足够用两只手握住，一只手在另一只手之上。耐心的渔夫静静地蹲在清澈的浅水小河里，用手拿着这个叉鱼工具，铁齿在水中朝下。当毫不觉察的鱼游过来时，渔夫立即将叉子插下去，劈在鱼的上边，就这样，锐利的齿穿进鱼的脊背。"多齿叉"长6.5英寸，它的齿长1.5英寸。梳子状的工具背，是由一块金属薄板折起来，把分立制作的尖齿放进折缝里，再加热锤打，由此锻打成一体。

织网

　　中国人捕鱼大部分时候会使用渔网，因而我们必须就织渔网说上几句。图192是一个典型的中国织网梭子，它是由竹子做的，上面绕有细麻线。图上也显示了没缠绕麻线的较长的织网梭，还有一根短的网眼棒。图中短的织网梭子长7.5英寸，而那根长的12.75英寸长。网眼棒是一段光滑的竹子，像一把刀，它的纵边缘厚而圆，另一边缘虽薄，但不锋利。

　　织网是一种简单的操作，容易做，却不好说清楚。中国人使用一个木制框即网架，如图194所示，当开始织网时，就在它的上面结成网眼。网架挂在上边的木杆上，无论什么情况，它适合放在水平位置。网以从左向右的方式编织，织完一排网眼，网架的左右颠倒，开始织下一排网眼。新的网眼是在网眼棒上结成的。左手拿网眼棒，拇指在前，食指在后，使边缘朝下，网线从先前形成的网结出来从前向后绕过网眼棒，由此一个简单的结（即反手结）就以某种奇妙的方式在网眼棒后形成，不过尚未拉紧。而后，网线穿过由上排网眼吊挂下来的松的V形网眼环，最后再穿过那个反手结，并向上拉网线，这一拉就使这个结成为紧的结扣。图193，可帮助理解上面

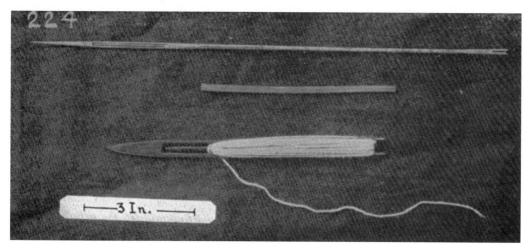

图192　织网梭子

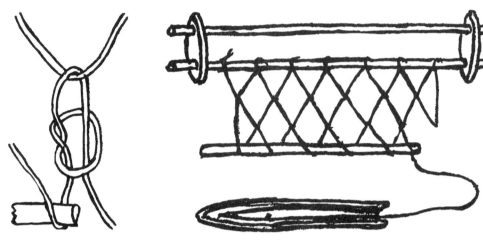

图193 织成一个网眼　　　　　　　　图194 织网的网架

的描述。为了使织成的渔网网眼大小一致，中国人完全依赖他们的眼睛来把握。而在欧洲，通常是用一个圆形网眼板来确定网眼的大小。当网线放到欧洲的网眼板上系好结时，新结成的网眼合于网眼板的周长。在欧洲，为织成大网眼的渔网，就使用相应大直径的网眼板。而在中国，不论要织大网眼还是小网眼的渔网，都用相同大小的网眼板。将网眼板放到与上一排网眼不同的距离上，来确定网眼尺寸的大小。织网梭子上用的线通常为麻绳线。图194中的另一个草图，是织网用架子结构的示意图。当开始织网时，仅用平行杆中下面的杆挂网。中国渔网的种类很多，一种形状像圆锥形的渔网很流行。织网开头只有几个网眼，而后每一排都增加一个新的。

　　关于织网的历史起源，限于资料，可以说的不多。织网与人类为获取食物的需求紧密联系在一起。织网在世界各地都有发现，它的起源至少是在史前时期。格陵兰的爱斯基摩人用鲸的须毛和海豹的筋肌捻绳，他们从那里向南太平洋地区和岛屿迁徙，最先接触当地的原住民，发现了用网捕鱼和用网诱捕禽兽的方法。

　　图192摄自江西省的牯岭，图中较长的网梭子用的是丝线，织成锥形网。中国人有一种保护麻绳网免于腐烂的方法，使用猪血和油的混合剂浸泡渔网。江西的这种网梭子，在中国其他许多地方也有典型性。

肉的处理

在中国人的厨房里，没有用来存储易腐败食品的冷藏柜或冰箱。一日三餐的所需，通常是去早市买回，肉和鱼用图195所示的叉钩的尖端挂起，叉钩的尾部带有圆环，把它挂在屋梁架上，或挂在高大门窗框的钉子上，以防乱窜的狗溜进来够到鱼肉。这些铁钩子都是锻打的，20英寸长，0.25英寸粗，其前端有锋利的钩尖，很容易穿进鱼和肉里。蔬菜和水果等其他食物，多放在挂在屋架的篮子里。照例，篮子里的东西都是从市场或商人那儿买来的。中国人不信任商人，当进行交易时，总是带着自己的秤，以确保平衡器的可靠。你必须了解，许多中国商人都有两种秤，一种是买进时用，另一种是卖出时用。

图196中的切肉刀，在广东和浙江家家户户的厨房中都可以见到，它的应用很特别，除了不砍柴火外，其他什么要切要砍的东西都用到它。在上海有一种圆头的刀，可以用于砍柴火。

切肉刀的刀身尺寸——除去插到刀把里看不见的刀柄脚之外——长8英寸，宽3英寸。刀背处原来厚为0.1875英寸，但在铁锤敲打时变厚了。刀刃从刀背向切割边的锋利刀刃逐渐变薄。刀柄脚完全穿过木把，在末端露出头后打弯固定。在刀身与刀把

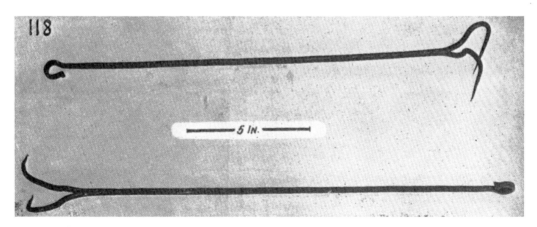

图195　挂肉钩子

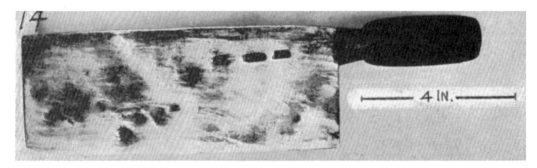

图196 厨房用的切肉刀

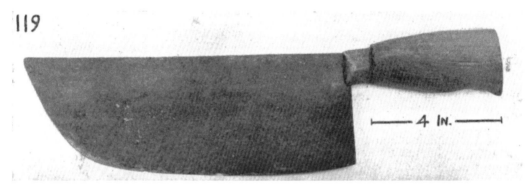

图197 厨房和肉铺用的圆头刀

之间装有铁箍。

中国人对用铁用钢，是非常俭省的。我还没有见过本土的中国人在器物、家什或建筑中使用铁钉的例子。如前所述，中国人习惯用榫头、榫眼或木钉把构件连接在一起。图196中的切肉刀（由刀体上的戳记可知产于广东）表明，匠人不愿在刀体上多用钢，因而他们用铁打制刀体，而在切口用钢打接刀刃。我见过制作斧头也用类似的方法以节省用钢。图196中的切肉刀是我的翻译家里的，翻译是广州人，刀是从一个广州商人那儿买的。照片摄于上海的城隍庙。

在上海市和郊区，以及浙江的部分地区，更常见用圆头刀（见图197）。这种刀从刀尖到把末端，长14英寸，刀体最宽处3.5英寸，刀背厚度为0.1875英寸，刀背从刀尖到刀把的铁箍的长为9.5英寸。刀体延长出的刀柄脚穿过木把，在末端露出后打弯固定。

中国人吃的饭菜都先在厨房制作，因而要切成小条小块，以便用筷子容易夹起

图198
切菜剁肉的砧板

来。知道这一特点，你就会理解图198中的剁菜砧板，它在中国人的厨房里是必不可少的器物。剁肉时，厨师把肉放到砧板上，两手各拿一把刀，交错地上下动作。

在卖肉铺，用一段大树干当作砧板，放在地上，砧板直径有3到4英尺。当要剁肉时，四个人围着砧板站立，每个人拿两把刀，不停地剁，效率很高。图198是在上海城隍庙拍摄的。

图198中由柏树做成的砧板，厚3英寸，最大直径12英寸。他们告诉我，"皂树"的木料最适于用作砧板。皂树是一种生长于热带地区的树木，之所以有这一名称，是因为它的果实外壳坚硬，外壳即覆盖层含有皂角苷，在水里能形成肥皂般的乳液，起到肥皂的作用。这一说法和照片都来自上海老城。

图199中的情景，在中国到处可见。我注意到挂在房子南墙上被太阳晒干的肉和鸡鸭，我总是好奇地想，中国人可能没有正确认识用烟熏保存肉的方法。太阳晒干的肉，挂在屋里的梁架上，有时很长时间才被食用。就这样，它无意地受到烟熏。特别

图199
晒干肉用的带尖钩的叉子

是在那些炉灶没有烟囱的屋子，从炉灶出来的烟升腾到梁架，慢慢地从屋顶的缝隙和裂口，或通过一个很小的留作烟道的开口散出去。在中国的中部地区，很少见设置烟囱，比如打铁铺就没有烟囱，只是在某些厨房灶间才有烟囱。在中部地区，我们见到许多人家的炊烟从屋顶房瓦间的缝隙中袅袅升起，他们也从来不想装个烟囱，厨房的顶棚和墙上覆了一层烟垢。肉挂在厨房的天棚上，给我们的感觉，他们没有给烟留出通道，是为了保持烟熏对肉的作用。不过，一般认为，中国人似乎不是深思熟虑后用烟熏制食品。对此，我必须提出说服性的例子。湖南省的一位传教士告诉我，在湖南省府长沙就用烟熏制鱼。在一个大陶瓮（在图60的背景里可以看见几个）里面放一些干草，把鱼系在杆子上，杆子悬在瓮上。周围用竹席子挡起来，把干草点燃，当流通的空气很少时，干草开始冒烟，让浓烟向上冒，正好熏鱼。在江西省和湖南省边界，我曾在一个中国家庭享用上好的烟熏火腿，主人告诉我说这是由中国人熏制的火腿。这当然是一个孤例，因而我怀疑是受传教士影响的效果。通常，中国人完全用另一种方法制作火腿。将猪的后腿浸在盐水里，而后使劲敲打，直到它完全平展开，再放到空地上晾晒，最后就成了美味的火腿。

图199中可见挂在墙上晒干的肉：几块猪肉，三只鸭子，两个猪胃，旁边还有一双水鞋。在中国，家养动物驯化得很好。在挂着的干肉间，窗台上的猫在安静地睡觉，它很清楚，假如胆敢去碰挂在墙上的肉，那它就会体无完肤。借助斜靠在墙边的那根棍子，把肉挂到墙上的钉子上或从上面取下来。棍子的顶端是一个铁叉，叉的尖端有小钩。为了把一块肉挂到墙上，挂肉的绳子要越过叉尖的两个钩子的上边，当棍子撤下来时，在两个钩子间水平拉紧的绳子便很容易放到墙边的钉子上。图199是在江西樟树拍摄的，横竖交叉在窗洞的铁丝是舶来品，这可能是为了防止鸟飞进屋子和厨房。

木炭炉及制作

　　图200中的木炭炉是用红黏土塑形再烧制成的，没有上釉。它形如一个简单的罐子，侧面开一个方形洞口，作为炉门，用于通风和掏炉灰。在炉子里边约一半高处，插入一个筛状的陶盘（见图201），永久固定，以做盛装木炭的炉箅。铁锅或茶壶放在炉子顶部边缘三个突起的凸缘上（图中清楚可见）。这三个凸缘的顶端与炉顶边缘构成的空间，可保证燃烧时空气的流通。中国人习惯在开始烧炉子时，在炉门前快速前后地摇动棕榈叶做成的扇子，以助通风。通常，这种炉子作厨房的辅助灶具，可以较快地做饭菜，或用来加工在大的固定炉灶上没处放的食物。而贫穷人家，没有大的固定炉灶，就全用这种较小的手提式炉子。

　　图200是木炭炉的侧面，图201是从炉顶俯视木炭炉，可见透孔的炉箅。炉子包括凸缘在内，高为8.25英寸。炉箅厚半英寸。炉子的底部壁厚为半英寸，往上逐渐加

图200
做饭菜用的木炭炉

厚，到顶部边缘则变为1.25英寸。木炭炉可做成大小不同的尺寸，顶部直径从4英寸到2英寸都有，它们的高度当然也与之成比例变化。有关的信息和照片是从上海老城获得的。

在中国人的家中，木炭有很多的用处，如用烧火盆、暖脚炉和暖手炉取暖，冬天用来加热使饭菜保温的桌炉，以及用于热茶壶，等等。用这些取暖工具，需要用火钳夹持燃着的木炭。

图202中的火钳是用锻铁制作的，长19英寸。它的不寻常之处是，两只长臂能保持在一起。一个臂开有槽孔，另一个臂穿过这个槽孔，一般人会想到，使这两个臂保持在一起最明显的方法，是用一个销子（或铆钉）穿过两臂交叉处的孔铆住它。然而，中国人不愿多费一个铆钉，他们的做法是：在被套住的长臂（它穿过另一长臂的槽孔）处钻一个孔，而后用一个圆头冲子冲，使另一长臂在那个孔上方的地方凹进，形成的凸出正好顶在钻出的孔中，这样就形成一个枢轴，使火钳的两个长臂可以绕轴转动。

在普通的木炭旁边，有一些用粉状木炭压成的炭饼，多在需文火的场合使用。

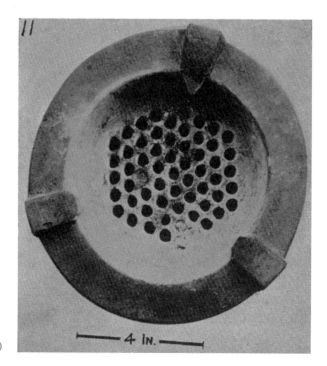

图201
做饭菜用的木炭炉（俯视）

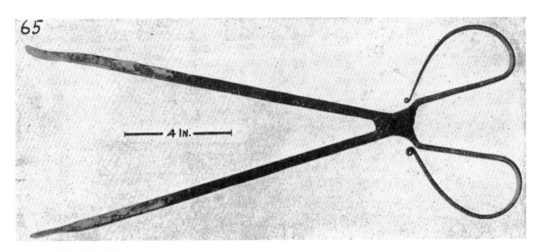

图202　夹木炭的火钳

当需要长时间的小火，比如茶壶烧开保持一定温度，就用这些木炭块。为制造这种炭块，木炭要撒上黏米水，即将米煮开的水，再用类似于磨稻米的石臼，将米捣成粉状。将木炭碾碎的方法，类似于本书图155所讲的方法。一块板子像跷跷板一样，它的一端是一个石头杵，人站在板上，跨立于板子中心的两边，交替弯曲腿，以改变身体的重心，使石杵一上一下捣入臼中。手里拿一根长木棍，不时地搅动臼中的木炭，使之均匀地捣成碎粉。捣成的木炭粉仍是湿的，倒入一个塔形的铁模子中，其上下都开口，并配有一个铁部件，与模子的空腔直径相同，用来做捣杵。炭饼做成后，从模子底部推出来，放到太阳下晒干。这种炭饼有2英寸高，一头直径2.25英寸，另一头直径2英寸。照片摄于上海老城。

江西樟树是制造木炭炉（与图200中的炉子相似）的中心，在这里发现有大量适宜的黏土，由此促成这一行业的发展。

在图203右边可以看到一个坑，它是用来存储黏土的。从这里取出黏土直接用来塑造炉体。图203中是一些炉模子，最左边地上立着的几个炉模子，每个都包含有一个炉体，立在地上有待风干。

塑造炉体要用到模子。把烘干的模子放在陶轮上（见图204），在里边稍微撒一些稻谷灰，再把黏土块放进去。制陶匠用左手把住模子，右手使黏土成形。轮子不能整圈转动，一次只能转1/4圈左右。有裂缝的模子要用竹箍加固。如图204中立在陶轮上的模子那样。塑成的炉体经干燥缩水后，很容易从模子里取出来。接下来要将从模子中取出的炉体修整打磨。把它放在陶轮上，陶轮旋转时，用湿的破布将炉体外面擦抹光滑。炉体的顶部用小刀（见图205）刮平整。在炉体里边，大约向下一半的距离，制陶匠在开始做炉体时留了一个凸缘，把一个带有许多透孔的黏土圆盘（即炉箅）放到凸缘上，再用湿黏土在下边把它固定住。之后，用小刀在炉体的顶部边缘上切出三个凸缘，如图208所示。最后，用刀在炉体侧面开出通风口。

图204中的陶轮，顶端的平台很光滑，没有任何突出物。当塑造炉体时，模子放在平台的中央，并如我们已说过的，制陶匠在塑造炉子形状时，使陶轮偶尔转动一下。炉体完成后，半干的炉体放在陶轮上，因为炉体很重，差不多干时再搬动。陶轮高2英尺3英寸，它的基座是石头圆盘（通常是用废弃的磨盘），有一根中心支柱，木圆盘在支柱上转动。

图205中的小刀是双刃的，长12英寸。经常发生这样的情况：当向一位工匠寻求一种工具拍照时，他会把它拿到作坊后面藏起来，而翻腾出一个旧的不用的工具，拍照可能使他担心手头在用的工具着魔变邪。这种情况下，我只好拿一个没有木把的旧

图203　木炭炉制品

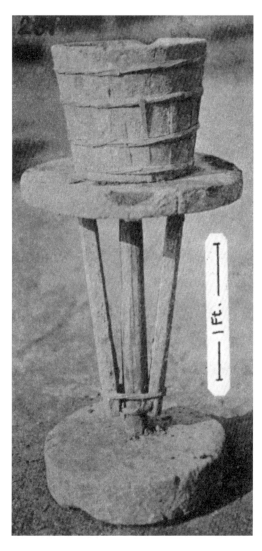

图204
匠人制造木炭炉用的陶轮

刀子拍照，制陶匠谨慎点也好。

制炉工匠为了无愧自己的产品，在所造的每个炉子上，都用木戳打上"戳记"，也即商标。木戳上刻着中国的文字和符号，木戳印子打在炉子一侧。图205中的物品是小刀和木头戳，木戳的顶部已磨损，这是小刀与它碰击造成的。

图206中是一些做成的炉子，正在太阳下晒，干后便可烧火用。透孔陶盘即炉箅做好后，为了干燥，放在圆锥形的黏土模壳上（见图206），在制造陶盘时要用到这些模壳。陶盘上的孔，是用黄铜管穿出来的，黄铜管长7.5英寸，如图207所示。在

图205　匠人制造木炭炉时用的小刀（下）和商标戳记（上）

图206　晒干中的木炭炉

图207 制造炉箅的穿孔工具

由这个工具，可以对图206做些说明。穿孔工具由长7.5英寸的黄铜管（图中上）和铜管里的木塞组成（图中下）。木塞的用途是：在制造黏土圆盘所需的穿孔（即炉箅）或通风孔的过程中，当铜管穿过黏土圆盘后，用木塞把管中的黏土推出来。

图208 熔化金属的木炭炉

这张图片底部还可以看到一段木头装在铜管里，用它当推塞可以将从陶盘上切下来的湿黏土推出孔洞外。

图208中右边的炉子，有一个盖子，下面是小的圆形开口。图中左边是一个已做好的炉子，盖子已移开。右边带盖子的炉子，有些地方尚未完成，在炉体下部模糊可见通风口，已经用刀子切出，仍在原处留有长方形的陶泥塞。这种炉子是供制玉匠人用来熔化贵金属用的，使用时需要有风箱与它连接，以产生必要的风。因为这种炉子可以达到高温，故要用陶盘阻隔，以阻止热量向下传递，避免烤热损坏放置炉子的设施（如台凳或桌子）。

端开口，而下面的尾部是一根长管。长管斜装在木制的桶形罩的盖里，管子穿过罩子侧面的一个洞伸到外边。这个收集盘连同它的管子，长32英寸，在图212中，它是颠倒放在地上的。水槽是由三根绳子相互等距地吊挂在收集盘的边缘上，三根绳子的末端绑在石头或木块上，在图上可以模模糊糊地看到其中的两个，而这些都放在木罩的顶端边缘，由此保持白镴收集盘连同悬挂在罩子中央的排水管的稳定。建造蒸馏器的下一步，是把冷却锅放到木罩的顶上，冷却锅在图211中是倒放的，它高21英寸，开口直径24英寸。当使用时，即把锅的圆底部分朝下，放在白镴收集盘的上方。冷却锅里装满冷水，在图上可以看到，冷却锅的上部边缘上有两个突出的把手，用它们可以方便地抬起冷却锅。其中一个把手是空心的水管，用作溢出管。图209中的锅，在蒸馏器被遮挡的一边有这种溢出管，现在的图中只能看见排水竹管。竹管中的水是从被遮挡的溢出管中排出的。以下可以介绍一下蒸馏制酒的过程。铸铁钵（即煮沸器）放在火炉上，里边装有发酵的磨碎的黏米。烧木柴生火，加热这些酒曲物，蒸汽升起。

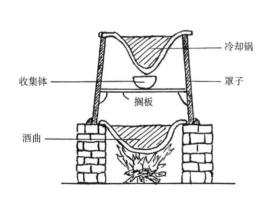
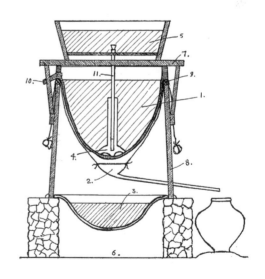

图210　左图：蒙古的蒸馏器；右图：中国的蒸馏器

1. 冷凝器即冷却锅；2. 带有传输管的白镴收集盘；3. 装有酒曲的铸铁钵；4. 白镴漏斗；
5. 浅木盆；6. 燃烧室；7. 悬挂浅木盆的木架；8. 桶形罩；9. 填满沙子的密封布带；
10. 溢出管；11. 带木塞子的木管，通过它冷水向下流进冷却锅里。

图211　中国制酒蒸馏器中使用的冷却锅
白镴冷却锅里装满凉水，用来冷却蒸馏器产生的蒸汽。这里显示了冷却锅的外部，图中为倒立放置，以便观察。

图212　中国制酒蒸馏器中使用的收集盘
该装置由白镴制成，带有很长的出水管，用于蒸馏器中蒸馏的酒液流出，配合图209有简要文字说明。为便于观察，把它从蒸馏器里取出并倒放，单独展示。

蒸汽碰到白鑞冷却锅的凉锅底，产生冷凝；借助滴落通道，即在冷却锅底上开出的沟槽，冷凝液体沿着它的边流动，滴落进挂在冷却锅下边的收集盘里。蒸馏的液体再从收集盘流出，通过倾斜的收集盘管子，流进一个陶制酒罐里，这个罐子放在蒸馏器边上。利用一个简单装置与冷却锅底相接触，保证锅下部分区域里的水保持低温。如图210所示，一个白鑞制漏斗插进冷却锅中，碗形部分接触锅的凹形底部。在冷却锅的上方，一个浅木盆放在木架上，一根木制管子从木盆中伸出，插进漏斗的管子中，不时地拔开木制管上的木塞，让水从木盆向下流。冷却水向下流进漏斗，冲击冷却锅的底部，使它变冷，有益于蒸馏器的冷凝。冷却锅里保持水位在溢出线，当冷却水从高处的管子流进来，则使锅里上部的热水通过溢出管流出。蒸馏过程非常有效，从蒸馏器蒸馏汇集的细流连续不断，整个过程不必有什么调整。在酒罐里放入适量的桂皮和干橘子皮，可以增加酒的口感。用这种方法酿的酒，实际是我们所称的"低度酒"。

　　蒙古人使用类似中国人的蒸馏器，如图210（左）所示，从"艾拉克"（airak，一种酸马奶）蒸馏出称作"阿力哈"（arrihae）的酒。这里用管子代替了收集盘；在桶形的木罩里只悬挂一个小盆做冷凝器，向下滴落蒸馏液，与装有冷却水的圆底冷却锅的作用非常相似。"阿力哈"酒的母液"艾拉克"本身就是蒙古人喜欢的一种稍能醉人的饮料。我们所知的来自东方的烈酒"亚力酒"（arrack），其名称似乎就与蒙古语有关。

　　考察这些蒙古语更久远的起源，不无意义，它建立起与阿拉伯词汇"araq"之间的联系。"araq"的意思是水珠或水滴，就像蒸馏过程中冷凝的水珠子滴落而汇集。中国人蒸馏所得的产品名字叫"阿拉集"（A-La-chi），很可能是阿拉伯语"araq"的音译。[1]

　　按照中国人的传说，造酒技术是由大约生活在公元前2200年的仪狄发明的。[2]大禹的女儿具有冒险精神，她与仪狄合作，调制出一种不寻常的、令人喜欢的混合饮料。她相信会受到父亲的嘉许，便请父亲品尝。结果大禹也喜欢上了这种饮料。事实上，大禹很看重造酒，他在思量，如果后人都像他这样喜欢这种饮料，国家将会是什

---

[1] G. A. 斯图亚特：《中国药物学》，上海，1911年，第419页。
[2] "仪狄造酒"之说，见西汉刘向《战国策》："昔者，帝女令仪狄作酒而美，进之禹，禹饮而甘之，遂疏仪绝旨酒。"又见东汉许慎《说文解字》："古者仪狄作酒醪，禹尝之而美，遂疏仪狄。"

么样子。很可能是随后受头痛的影响，作为对仪狄发明酒的报复，大禹将仪狄驱逐出去。然而，制酒技术得以传播开来，从此酿酒业兴旺发展。

中国的"酒"字为我们提供了远古时代的信息，表明很早就有酒精饮料。在中国古代的文字中，以214个基本部首构成了数千个中国文字，其中一个是"酒"，甚至在后代演变的字形中也可以辨认出它来。它是一个象形字，显示一个两耳细颈的酒罐或酒瓶。[1] 由本义"果酒"（如葡萄酒）笼统译成"酒"（如理解的烈酒）容易造成误解。在中国，尤其是内地，很少用葡萄来制酒。仅在某些边疆地区，由早期的旅行家带进来葡萄酒。中国的"米酒"，如其隐喻性的用法，既说明它是一种酒，又明确它的原料来源。以酒为题的讨论，容易造成某些概念混淆。斯图亚特在他的《中国药物学》中对酒多有论述，有不少有价值的信息，但也不乏使人误解之处。

为简单起见，以下的叙述我们仍用"酒"一词，不过请读者注意，这是一种很宽泛意义上的用法。

19世纪60年代，勇敢的苏格兰人亚历山大·威廉森，在中国北方从一个村庄到另一个村庄传教，他本人也是一位敏锐的观察家，他在山东省注意到当地种植一种黏米，做食物用，但更特别的是，也用它制造一种叫作"黄酒"的酒。之所以称"酒"，这表明威廉森观察到它的制作，发现它是一种用谷物发酵制成的含酒精的饮料，但他不能确切地给予它名称。

中国最早的酿造酒是用小米或稻米发酵制成的，这与仪狄的发明应是相同的。为了酿造酒，需要有谷芽和酵母，我们发现在古老的史学著作《尚书》（约成书于前23世纪—前6世纪）中已提到这种方法。书中说：用谷芽和酵母制造甜果酒。[2] 谷物发酵制酒的一个重要特征是，从醪糟中可以滤出酒来。关于这一点，从《诗经》（约成书于前23世纪—前6世纪初）的记载可知，酿造酒是从醪糟中分离出来的，其方法是：将醪糟倾倒在草垫上过滤，或倒进篮子里，通过粗编织的篮底，过滤得酒。利用发酵米制酒的记载也见于古书《说文》（约成书于100年），书中说道：利用蒸煮变酸的稻米制酒，若不是这样，则制出的酒不甜。

---

[1] 早期的"酒"字，是在"酉"的左边或右边加点，表示"酒"是流动的液体。——译注
[2] 见《书经·说命篇》："若作酒醴，尔惟曲蘖。"——译注

用发酵的谷物制酒，先要选用谷物，可以是小米或稻米（在南方，糯米最佳）半煮熟的浆粉，浆粉浸泡到水里，约占水量的一半。浆粉溶于水是使它变成糖分的预备步骤，这一转变有两个必须条件：一是适当的溶解温度，保持在30°C到50°C；二是在溶解中要有一种"守护者"（watchman），没有它就不会使浆粉转化成糖分。这个"守护者"是一种化学化合物，叫作酶，有着奇妙的作用，由于它的存在，帮助浆粉微粒分解转化成糖的微粒；从化学反应上说，酶起到触媒剂的作用。酶是由发芽的谷物所生，为确保这种重要的化合物在浆粉分解中起作用，要加入一些谷芽（曲）做引物，这种引物并不需要太多。当这些条件都满足，即浆粉溶于水，存在酶，加适宜的温度，浆粉就会快速地转化成糖分。接下来是借助酵母发酵，使糖分溶解到含酒精的液体里。酵母对糖起作用，把糖降解成酒精和二氧化碳，二氧化碳是气体，逸出液体，跑到空气中。酿酒过程中温度必须控制好。发酵结束，再没有气体逸出，这时便准备将液体过滤，利用滤网挡住残渣。

简单地说，所有的古代酒都是用谷物为原料，酿制的原理基本相同。古代制酒传到中世纪，工艺发生变化，不再用谷物使浆粉转变成糖分，因而没有了这一步骤。制酒开始用带有糖分的物质，如蜂蜜或成熟的水果，特别是用葡萄制酒。典型的例子是古老的日耳曼民族的蜜酒和葡萄酒。

公元前2世纪，汉朝的使者张骞到伊朗，他从那里把葡萄酒带回到中国。然而，直到蒸馏酒（从酒水溶液分离酒）技术传入前，中国主要还是用谷物酿酒。按中国人传统的说法，元代时，从西北入主中原的蒙古征服者带来了蒸馏酒技术。

随着历史上中国制酒技术的变化——只有发生了这种改变，才能谈及用蒸馏法制酒——中国人一般对于新产品仍保留老名称"酒"，因此便可以明白这一事实：那些谈论中国的西方作者，当他们说到中国的酒时，通常分不清米酒（发酵的谷物酒）和烧酒（蒸馏酒）两者的区别。

关于蒸馏酒的历史仍然存在争论，但研究已集中在两大学派的观点。一派是赫尔曼·迪尔斯（Hermann Diels），他认为[1]，大约从1300年蒸馏制酒开始兴

---

[1]《古代技术》，莱比锡和柏林，1924年。《酒的发明》，历史研究，1313年柏林学会论文，卷3。

起，这很可能是继承了一种古代秘法。迪尔斯所说的这一秘法见于约1150年马帕耶（Mappae）学会保存的一部汇编手稿，其中记载了来自古希腊和拜占庭的制酒方法。另一派埃德蒙·O. 冯·李普曼（Edmund O. von Lippmann）的态度更明朗，他认为酒精是西方的一种发明，大约是在11世纪，可能是在意大利境内。

已有充分的资料证明，现存蒸馏器的古老原型是在西方纪元开始从地中海地区发展起来的。著名炼金术士、犹太女人玛丽亚（Maria，活动在1世纪）最早提供了详细资料，她强调了这样的事实：从蒸馏器盖上引出一根导管，引导凝结的水滴落入放在蒸馏器旁边的容器中。大约在3世纪，埃及学者佐西莫斯（Zosimos）在著述中也谈到水的蒸馏。原始的蒸馏器是用冷却上盖帮助冷凝，并把天然海绵浸在冷水中。4世纪，西内西奥斯（Synesios）描述了一种技术先进的蒸馏器：三脚架支撑一个容器，蒸汽上升到一只玻璃或金属制的盔（盔做成人头形或妇女乳房的形状），水蒸气在盔的表面冷却，通过倾斜的管子流走。蒸馏器后来进一步发展：有用来装液体的葫芦形器，有冷凝蒸汽的盔形蒸馏器，以及具有传输蒸馏液的壶嘴，使制酒形成了有效的装置。壶嘴或倾斜的管子是蒸馏器或盔形器的一部分，是制酒工艺发展的一个奇异特色；如果一个蒸馏器上不带倾斜的管子，人们几乎不会认为它是地中海制酒装置的一部分。

再看以上所说的中国蒸馏器和更古老的蒙古蒸馏器，两者太相似了。中国的蒸馏器只是从收集盘伸出来的管子有所改变，这在蒙古蒸馏器的原型中可以很清楚认出来。然而，这与地中海型蒸馏器有明显的不同，而且，不可能用任何拓展的想象力来解释中国的蒸馏器与地中海地区的蒸馏器的关系，或认为有什么渊源。我的结论是，蒙古的蒸馏器早已单独用于蒸馏酒，它是亚洲内地的一种特色发明，它可以与酒的发明紧密地联系起来。最先注意到这种蒸馏器的商人可能向西方世界传播了许多它的知识，而且看起来也说得通，如果把地中海蒸馏器换成当时蒙古在用的原始蒸馏器，可能会更有效。

酒炉

在中国有个习惯，所有饮料都是加热了喝。大概是痛苦的经验给人们教益，让他们严格遵循这一习惯，特别是在炎热的夏季，防止没煮开的水传染各种疾病。不仅是饮茶、喝白开水如此，喝米酒、烧酒也都遵循同样的原则。当然，在喝米酒或烧酒时，其实这样的预防是没有必要的，因为米酒和烧酒并不传带任何有害的细菌。加热米酒有一个令人感兴趣的作用是，酒会很快地上头，这就使中国人在实际喝醉之前，他就觉得喝够了。在中国，酩酊大醉者很少见。在中国北方，通常是用小米或高粱制作蒸馏酒。这种酒的度数高，酒劲很强，一家之主（中年男性）通常一日两餐都得喝点儿。吃饭前会派个小孩或帮工到店铺打一小壶酒。图213中左边是一个盛酒的酒壶，4英寸高，大约可装3两酒。为了加热酒，在桌子上有一个小酒炉，如图213中右所示。一个带有宽边的圆形开口钵，上边有三个凸缘，酒壶就放在上面；钵的侧面开

图213　酒炉和酒壶

有洞，是两个相对的风孔。在钵里固定一个小杯子，杯里倒入少量酒精，点燃它，而后酒壶就放在上边加热。酒炉和酒壶都是用粗陶制的，表面带有光泽的黑釉，中国人叫这种酒炉为"神仙炉"，意思是神仙用的炉子。照片上的样品是在山东省的胶州得到的，当地农民用这种酒炉极为普遍，它确实不是从国外进来的东西。当然，酒炉的出现要比蒸馏酒传入得晚。我们前面已经说过，按照中国人的习惯说法，蒸馏技术是在元朝引进中原的，但这并不意味着这一技术通过蒙古传入的时间还要早些。另外有个令人感兴趣的事实：尤其是在中国南方，蒸馏酒有第二个名字，叫"三熟"，意思是指度数最高的烧酒。在一份中国海关官员的报告中记载：大约在13世纪初，在与阿拉伯贸易往来时，作为商品交换，出口商品中有"三熟"。[1]

---

[1] F. 希尔特：《汉语学习》，慕尼黑、莱比锡，1890年。

厨房炉灶

　　中国人的厨房又小又暗，多被烟熏成黑色，几乎是无法拍摄到厨房炉灶的照片。炉灶基本上呈方形，由四面砖墙砌成，大约4英尺高，上面放有铸铁的大锅。开有火门的墙壁要稍高几英尺，作为一面防护墙，挡住从炉膛里来的烟灰。做饭时通常是两个人忙活，一个人站在台前，脸朝着锅灶，做饭炒菜；另一个人坐在火门前，脸朝着防护墙，往炉灶里添柴续火。通常是女人管烧火，男人管做饭。家中的老年妇女，或者半大的丫头，坐在火门前，并且得听做饭的人吆喝着添柴弄火。

　　在浙江省奉化附近牯牛岭一个寺庙，我们看到一个精心砌置的炉灶，与上面所说的结构相同，我拍摄了两张照片，如图214和图215所示，分别呈现出炉灶的前后

图214　厨房炉灶后视图

图215　厨房炉灶前视图

外貌。从图214中可见炉灶有两个火门，正中间有一个放油灯的凹处。右边有个小壁龛，是放打火石和刀的地方。图中最左边是一个小炉灶，灶台上的铁锅有木盖。小炉灶是为少数几人做饭用的。[1] 图中的大灶，在寺庙里有好几处，是为香客做饭用的。每逢有佛事，一来就是几百个香客。炉灶都是用木柴做燃料，通常炉灶没有烟囱，做饭时烟气不断从火门冒出，把炉灶上边的墙壁熏黑了。

　　图215是炉灶前的外貌，是安有两个大锅的锅台。锅台后面较高的墙左面是一个壁龛，用来放油坛子；壁龛中央贴有一张灶王爷的画像，灶王爷是主管人间厨房的神。所有的人家，在每月的新月和满月时，也即中国农历每月的初一和十五，都要在

---

[1] 中国人说的"吃小灶"，体现某种身份和待遇。——译注

灶王爷像前烧香。最后，在一年末尾，要送灶王爷上天，灶王爷去天上报告这家一年所做的事。有些人因某些行为而有良心不安之感，便在灶王爷像的嘴巴上抹蜂蜜，希望灶王爷到玉帝那里说些好话，以免遭天谴。铁锅安在灶台上，锅上用木盖盖好，左边有个木勺，用来把煮熟的米饭盛出来。旁边有个带柄的小木桶，用于煮饭时往锅里添水。

最早出现用火加工食物的想法，很可能是出于经济上的考虑，而不是希望使食物容易消化。在原始人凭借简陋的武器不易获得大型猎物的时代，肯定会存在这样的问题，即如何保存剩余的食物以供后几天填肚子？最早的想法可能是来自对太阳晒干食物的观察。毫无疑问，利用太阳晒干食物比人工加热食物出现得要早，而且是前者影响了后者的出现。但是，一旦先民掌握了用火加工食物的技术，不管它是从哪里来的，它必定会一步一步地不断完善。就中国人而言，我们发现，汉代时，做饭用的炉灶已发展完善：在炉灶的一端有火门，在灶台顶部开有放锅的洞孔，而在另一端的墙上安了一个圆形套筒，向上延伸，以便排烟。关于中国古代炉灶的这些知识，我们是从汉代墓葬发掘出的炉灶陶器模型和铸铁样品中获得的。目前，中国人没有任何大型的可移动的厨房用炉灶，可移动式炉灶多少与发掘出土的早期小型炉灶有点相似。现代的厨房炉灶，如我们已经说过的，是固定不动的。

这里提出一个考古学的问题：早在两千多年前中国人就掌握了烟囱的原理，并且使用了烟囱。而今，在中国的中部和南方，炉灶上却几乎见不到烟囱。这该怎么解释？经过长时间思考，我得出一个结论，认为中国人不用烟囱是出于经济的考虑。好几个世纪以来，缺乏燃料变得越来越严重，这或许促使中国人舍弃烟囱装置，以使有限的燃料烧得久一些。

燃料

中国人家里做饭，大部分是用木柴做燃料。城市中有薪柴零卖，木柴截为长约3英尺的段，用时再把它劈成适于炉灶的小条块。劈柴时用图216中的砍刀，这种砍刀最引人注目的特征是，它的前端有个突出部分，用于保护刀刃。劈柴的事由妇女来做，她们弯膝蹲下挥刀，地面、石头或木头门槛、庭院的石头铺面，都常当作劈柴的台子。砍刀也多经考验，一般不会卷刃。当我还是孩子时，我常想，石板当劈柴台子会是什么样？用最大的力气把斧头劈向一块木头，落到石头上，迸出火星，结果那把意大利制的斧子也磕出凹痕。然而在中国，因为砍刀前有个大突出部分，保护住刀刃，使得妇女和孩子都能安全地使用砍刀。[1]

砍刀的把是一根木棒，长约12英寸，插进刀柄承窝里。刀体由一块铁锻打而成，从前端到承窝口长约13.25英寸，刀背厚为0.375英寸，刀的前端突出部分长为3.125英寸，厚为0.375英寸。砍刀的照片是在上海老城拍摄的。

在中国，数以百万的人用木柴烧火做饭，因而不可能看到生长茂盛的树木。在浙江省的天台山地区，森林砍伐十分明显，山坡上只有低矮的灌木，虽然小树可免遭砍伐，但几乎直到树顶，上面的树枝都被砍掉了。到处可见农民和十多岁的孩子在爬山坡，找薪柴。除少数人种地外，当地农民的主要收益就是砍柴卖柴。打柴人用弯形的砍刀（见图217）砍树枝或小树，图中所示的篓子用绳子绑在打柴人的背上，砍刀放在篓子里。用这种方式，男孩腾出手爬到树上，伸手从背后取出刀砍树枝。当树枝凑齐成两大捆，便分别捆起，用头上带尖的挑子（约4英尺长），一头插一个柴捆，挑柴下山回家。

砍刀从头部到尾部（包括手柄），整个长度为20英寸，其弯曲部长5英寸。刀身

---

[1] 在格吕格尔编撰的书中（斯特拉斯堡维吉尔，1502年出版），有一幅图表现一位农民拿着一把砍刀在砍木头。约12世纪由埃拉德·冯·兰茨贝格著的《可爱的花园》书中，在一张图上可以清楚地看到一把餐刀，带有凸缘，能防止切进餐桌台布。

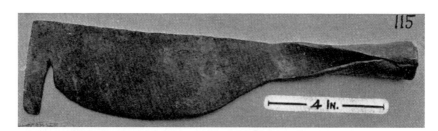

图216
劈柴砍刀

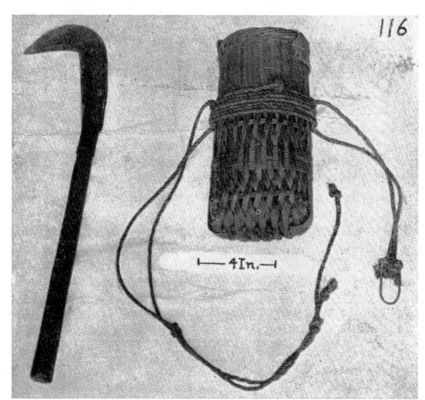

图217
砍柴用的弯形砍刀
和篓子

部分是用一块铁打造成的，并打制出一个承窝，用于安插木柄。砍刀弯背的厚度为半
英寸，往下逐渐变薄而成利刃。篓子是用竹篾编织的，宽5.5英寸，壁厚3英寸，该照
片是在浙江省的西岙拍的。

做饭

图218中的器物，是前面多次提到的中国铁锅，这种锅是用优质的铸铁制造的，可用于煮米饭、炒菜、炖肉和蒸食物。铁锅的口部直径16英寸，高5.5英寸，锅底厚为0.125英寸，往上逐渐收薄，锅沿处厚为0.0625英寸。这种类型的铁锅，直径从1英尺到5英尺都有，大的锅用在像寺庙这种人多的地方。中国的厨房炉灶烧的是木柴、稻草、麦秸、糠秕等；火焰直接触及锅底，锅的大小与灶台的开孔相适合。

与铁锅配用的有铜铲子（见图219），用来将食物放进锅里或盛出来，再是炒菜时用它在锅里翻动。铲子不带把长5.5英寸，宽为4英寸。一端的承窝安插木把，木把长6.5英寸，约1英寸粗。

通常，煮东西时，会在锅里放一个竹编的箅子（见图229），它的边缘靠在锅的内壁，而又不接触到下面的食物。瓷盘装好蒸煮的食物放到箅子上，在锅上面用图220中的木盖盖好。这是一种有经济特色的、令人感兴趣的做法。在锅里煮食物时，从锅里升腾的蒸汽集聚在锅盖下面，可以利用这些热气蒸熟食物。锅盖的形状像一个倒置的盆，其开口大小为13.5英寸，顶部为12英寸；锅盖的高度，不包括顶部的柄，为6英寸，锅盖的边板和顶部的木圆盘，厚度为0.75英寸。锅盖的木把手可以用钉子直接钉上去，也可在盖板上开槽孔用榫头榫接。用竹制的销钉将锅盖的各边板结合在一起，再用竹篾条紧箍住。木盖的材料用松木，外表刷上本地产的耐热的棕红色清漆。图218至图220是在上海老城拍摄的。

图221的罐子，侧边有一个把柄，用它来把罐子放到火堆上或拿下来。木把柄有20英寸长，与一个横的短木条榫接。短木条4英寸长，1.5英寸见方，它的两头各榫接一个小木棍，从图上可见从横木条凸出来的两个小木棍（起到挂住罐子的作用），它们有2.25英寸长，半英寸粗细。这个罐子的用法如图221所示，罐子是黄铜做的，高7英寸，直径6英寸。照片是在江西省的沙河拍摄的。

中国人的食物大多是用铁锅来做，不过也常用图221中的铜罐煨猪肉。把猪肉切成方块，而且都是带皮的肥肉。肉要煨几小时，用盖子把罐子盖好，保持住味道，用

图218
做饭用铁锅

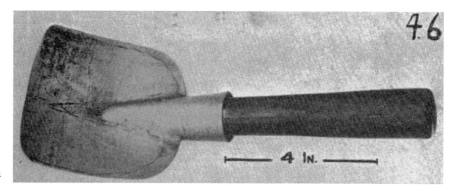

图219
做饭用铲子

图220
铁锅的木盖

图221　铜罐

这种方式煨的肉，猪皮变得软嫩，鲜美爽口。

与所有产稻米的国家一样，胡椒在中国应用得非常广泛。白胡椒味道最好，故海峡殖民地[1]生产的白胡椒大部分输出到中国。图222中的胡椒瓶只在中国的厨房用。饭菜端上桌后，中国人一般不再用调味品。因而在饭桌上既没有盐盒，也没有胡椒瓶，当然也没有调味瓶架。中国人有自己一套独特的调味观。米饭煮好端上来无须加盐，凉拌蔬菜也是如此。嫩豆腐与蛋羹有些相似，非常有营养，但对西方人的口味来说，就觉得豆腐淡而无味。与之完全相反的是，中国人做红烧肉、鱼、汤和酱汁放好多调料，极有味道。而红辣椒总是中国穷人离不开的佐菜。

西方有植物学家认为，在古希腊和罗马时代，中国人没有白胡椒、黑胡椒，也没有辣椒属的胡椒。实际上，在中国汉代就有了花椒，品种至少有12种以上。

中国人用的胡椒容器是一种带盖的圆竹筒，盖子是插拔的（见图222）。盖和筒身利用了天然竹节做成顶和底。磨碎的胡椒装在筒里，用时通过筒底部侧面的小孔摇晃出来；不用时，由一个小滑块把小孔堵住。图222中有两个胡椒筒，一个筒的小孔打开，另一个筒的滑块推到遮住小孔处。这些胡椒筒是在江西省南昌拍摄的。

在中国的筵席上，客人按身份就座，各有一套餐具，还有盛酱油、醋的小碟，用来蘸切好的熟肉片。

---

[1]原英国在东南亚的殖民地，包括新加坡、马来亚、槟榔屿、马六甲和拉布安等地。——译注

　　我在日本期间，注意到日本人的厨房有一种擦子，用它来擦萝卜和老姜根。图223就是这种擦子的常用形式，它是一块镀锡的铜板，两面成排地做出粗糙的突起尖齿，是用三角形尖头冲子冲出来的。冲时有一定的倾斜度，这样冲出的突起尖齿向冲压的方向斜。尖齿是这样排列的：某些突起尖齿向握把的方向，另一些向相反的方向。使用擦子时，人用左手拿住它的握把，斜着向下放在一个盘子上，用右手拿住要擦的东西，使之擦过擦子的表面。擦子的两边薄的边缘弯曲向上，使被擦下的丝条正好滑落到盘子里。整个擦子长为8.25英寸。照片是在日本长崎拍摄的。

　　我也见过没有釉的陶制的擦子，拿它来擦软的东西效果非常好。这里要说清楚，

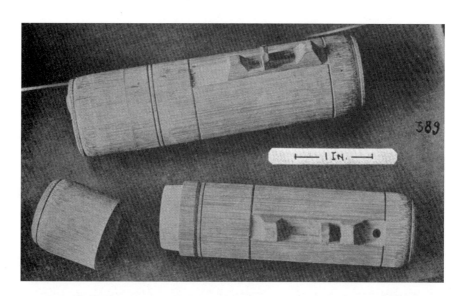

图222
胡椒筒

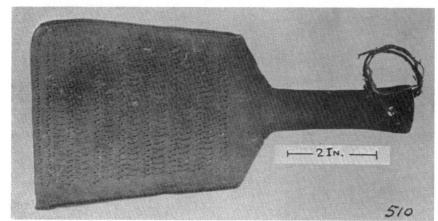

图223
日本擦子

图224
日本的陶盘擦子

所说的这两种擦子（金属的和陶制的），上面的尖齿并没有穿透板子，而只是在板子表面凸起来，起的作用相当于粗锉。

图224是一个陶盘擦子，它和图223所描绘的器具一样，上面有相似的成排的突起尖齿，是在厨房里用的。陶盘的边缘向上卷起，并且做出一个开口，擦多汁的菜根时，液质可以从开口流出去。这个陶盘直径为5.75英寸，高1.125英寸。照片是在日本长崎拍摄的。日本的这种陶盘擦子使我联想起在德国边境古罗马遗迹中发掘的陶碗，碗里嵌有坚硬的石片，在不同地方也出土有许多这样的器具。[1]

据说，当时的罗马士兵，用这种碗来磨碎小麦并与水混合，用这种方式很快弄出适于烘烤的生面团，省掉了沉闷的制作面粉的中间过程。

图225是中国人厨房里用来筛面的罗，它的框架是用藤条把竹片连缀在一起构成的，框架里面紧紧拉起的织物是未经漂染的苎麻纤维织成的粗苎麻布。图中右边是未完工的面罗，显示了重叠的织物尾线，待面罗做成后，这些就会剪掉。这两个面罗的

---

[1]阿尔贝特·诺伊布格：《古代技术》，莱比锡，1920年。

图225　厨房用的面罗

图226　厨房用的笼屉

直径分别为16英寸和12.5英寸。

　　图226中的笼屉，中国人用它来蒸肉包子等食物。肉包子用湿软的生面皮包成，将剁碎的肉馅放到面皮上，把面皮折叠起来，将边缘捏合到一起，即成为包子。生包子放到笼屉里，留有空隙放好（蒸熟会膨胀），上面再放一个笼屉，在最后一个笼屉上盖好盖子（也叫屉帽）。图226中斜靠在笼屉上的就是屉帽。把这几层笼屉放到铁锅上，锅里的水烧开，蒸汽透过笼屉蒸熟肉馅包子，面皮膨胀得松软而发亮。

图227
制作糕点的模子

　　厨房用的面罗和笼屉，这两张照片是在江西省临江东门外一个做面罗和笼屉的作坊里拍摄的。

　　图227中的糕点模子，现存放于宾夕法尼亚州道尔斯敦的莫瑟博物馆里。我在浙江省龙泉的一条商业街上游逛时，见到这种模子。街上的一个糕点商贩挨着住房临街建了一个铺子，专门用这种模子制作糕点。他的身边有一个木炭炉子，上面放了一个油锅，用热油炸糕点，而后出售。

　　糕点模子是一个并合的装置，其基本部分的主体是一块樟木做的平整的基板，有9英寸长，5英寸宽，半英寸厚。在这块板上铰接另一块板，后者与前者的厚度相同，而长宽的尺寸大约为基板的一半。铰接板可在两个耳状的凸出部分之间左右翻动，两个凸出部分是由基板两边的突起构成的铰接的轴。从图227中可见，铰接板是放在基板左边的上面。铰接板的中心有一个扇贝形的洞，直径有2.25英寸，通过这个洞可以看到基板左边表面上雕刻的花卉图案。把开有洞的铰接板翻到右边，基板右边表面上雕刻有中国文字图案，铰接板的开洞正好落在文字图案上方。

　　利用模子做糕点很容易，把一块生面团压进铰接板扇贝形的洞里，生面团正在铰接板的花卉图案上方（见图227），而后提起铰接板，把压好的扁平糕点推出去，在它的一面可见花卉图案的印记。为使糕点做成另一个图案，商贩要向上翻转铰接板，使之落到基板的右边，并将生面团压进图案上边的洞里。有人可能会想，用这个模子做糕点，可以在两边都打上图案印记。这却是不可能的。这个并合模子设计的便利就在于，通过简单地操作模子这半边或另半边，用它制成这一种图案的糕点，或是制成另一种图案的糕点。一个图案是装饰性花卉，大概是中国人非常喜爱的牡丹或荷花；另一个是传统的中国文字"囍"，用来表示喜庆、欢乐。

当我表示要买下这个模子时，不料却打乱了制作糕点的程序，模子的主人感到十分为难。虽说做模子花不了几个钱，但要新模子拿来才能恢复生意。我明白了商贩的困窘，友好地答应等候几天，直到新模子做出来。正如所说，后来我拿到了模子。

中国人为了喂猪崽，很聪明地使用了一种长而窄的食槽，这就使每只猪崽都有吃食的机会。如果不这样做，把饲料倒进圆盆里，能抢的猪崽贪吃，而弱的会吃不饱。鸡也有类似的习性，为了保证喂食，使每只鸡有同等的机会吃到食料，养鸡多的主人

图228
小鸡食槽

会使用一种鸡食桶，如图228所示。这种食桶与英格兰一种叫作单把小木桶的器物相类似，有一块桶板向上延长，作为把手。鸡食桶与单把小木桶的不同之处是：围着整个木制的桶壁，开有14个瘦长的口（类似哥特式窗孔）。在喂食的时间，注视着小鸡围着食桶伸进脖子啄米，是非常有趣的。有的鸡食桶上有盖子，盖子的一边有槽口，以便把柄可以伸出去；而另一边在桶板上做成槽口，以防盖子滑落下来。把柄上的鹅形头伸到鸡食桶中央的上方，这样就形成一个简单稳固的抓握。桶板用竹篾子箍起来，竹子非常适合这种用途。鸡食桶顶部的直径为16英寸，从底到上边缘高16英寸。这张照片是在浙江省的余姚拍摄的。

养鸡是为了产鸡蛋和鸡肉。鸡、鸭、鱼肉是有身份人家饭桌上的荤菜，与米饭、青菜相配。在中国，即使是贫困的人家，在一些大日子（如婚丧嫁娶），也得想办法做一只鸡放上桌，以改变米饭和腌白菜的单调乏味。

厨具

图229所示的厨具，差不多在中国人的厨房里都能找到。从左向右数，第一件器物是竹箅子，用在铁锅里蒸食物。当在锅里煮米饭时，如我们对图220的描述，箅子直接放在米的上方，但不与之接触。其他食物装到瓷碗里放在箅子上，再盖上木盖，可将食物蒸熟，或加热保温。这个箅子是用竹子做的，直径为21英寸。

挨着箅子的器物是笸箩，用于淘米，以备煮饭。中国的妇女将干米放入笸箩中，拿到附近的小河或水塘边。将笸箩浸入水里，用手翻动稻米，再把笸箩拿出水面，水从笸箩空隙中流出。第一道淘洗，淘米水像乳白色的牛奶。再把笸箩浸入水里，重复前面的过程，这样做四五遍，直到淘米水不再出现乳白色。我本想说淘米水变清不好，但打住话头，因为中国的村庄和住家旁的水很少有清澈的。我常常觉得，如果不把米淘得那么净，好似更有益于人的健康。淘米水之所以为乳白色，是由于碾米时混有石头粉末或草木灰。笸箩是用竹篾编的，直径16英寸，高4英寸。

挨着笸箩的是两个水勺。半球形的水勺是松木做的，它的把和凹下部分是一个整体，勺子内直径8.75英寸，外壳厚度不均，在1英寸上下变化，高为4英寸。这个勺子用于从院子里的露天水缸（贮存雨水的大罐）舀水。较小的勺子用于厨房，从小水

图229 厨房用具

缸里舀水。小水缸通常放在炉灶附近。小水勺的主体是一节竹筒，利用竹子的天然节做成筒底，在竹筒的一边开一个榫眼，一个把柄插进榫眼与之相配。竹筒的高为5.5英寸，直径4英寸，竹把柄长13英寸。

图229中还有一个器物是萝卜擦子（在竹箅子和筐箩前），其木板长21.25英寸，宽3英寸，厚0.625英寸。在擦子的中间有一长方形开口，开口上面用小铜钉固定一个黄铜片。工匠以使之凸起的方式在铜片上敲打出两排（每排又有几个）长槽，每个槽的末端都破开，这些狭窄的开口带有锋利的边缘，如同小刀一般。当拿着萝卜顺着木板的纵向，从那些小刀上滑过时，萝卜被切成根根细条，这些细条穿过铜片上的开孔，再从木板的开口掉下去。

我确信擦子上的那些刀刃锋利而好用，无疑这是通过敲打而使黄铜片变硬了的缘故。这张照片是在江西省的沙河拍摄的。

餐具

西方许多人都知道，中国人吃饭是用筷子的。有些人心存偏见，认为这是一种粗俗的方式。然而岂不知，欧洲人普遍使用叉子是16世纪后的事，在这之前，我们的先辈只是用刀子和手。相比之下，中国人使用筷子已有几千年的历史。

筷子是两根细长的棍，由木头、竹子、骨头、象牙或银做成，中国人可以灵巧地用它来夹起食物。拿筷子时，主要用右手拇指和其他手指，小拇指用不上。具体拿法是，一根筷子稳当地搁在拇指和食指根的虎口，无名指的指肚抵住筷子下部。在这根筷子的上边，另一根筷子被拇指的指肚抵在食指和中指的靠上部分，当要用筷子夹食时，通过手指的运动使筷子产生动作：一根筷子头去靠近另一根筷子头。通常中国人用餐时，除了筷子和瓷制的汤匙，不用其他的餐具。餐桌上的汤匙要放在一个小碟上，匙柄向上，喝汤或舀调味汁时，汤匙要轻拿轻放，勿重重地翻转。

图230中的一套餐具，即使在中国算不上典型，也是属于比较高级的。令人十分感兴趣的是，这套餐具里有一把叉子。这套餐具是我在北京买的，商家对我说，在中

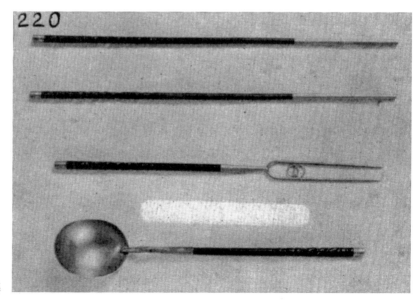

图230
筷子、餐叉和汤匙

国北方，喜庆宴会上给每位客人摆四件套的餐具是一种礼仪。这套餐具中的筷子是骨料做的，漆成深红色，筷子末端有银制帽头，夹食的一端是细长的银杆。若是大宴席，餐桌很大，你不便伸筷子夹取桌中央的菜肴，通常是用长达12英寸的象牙筷。图230中的筷子长9.5英寸，对日常生活来说，这是合宜的尺度。图中叉子的柄，以及汤匙的柄，漆成深红色，由骨料做成，磨制得光滑、精美，柄上的金属部分是用银制的。叉子有两个齿，又细又长，两齿之间用焊成一体的双环形装饰。汤匙的勺焊接在曲柄的槽里。叉子长8.25英寸，汤匙长7.625英寸。叉子一般单独使用，用来叉起小点心或甜食。在家里款待客人，拿出样式新颖的果品盒，里面装满各式各样水果制的蜜饯，盒子里配一把与双齿叉相似的小器具，这想必是中国人待人接物的方式。

11世纪，由文献知道意大利人用餐时有时用到叉子。1470年，意大利人加布罗图斯·马蒂乌斯（Gabrotus Martius）受邀来到匈牙利国王马蒂亚斯·科菲努斯（Matthias Corvinus）的宫中，他惊奇地发现餐桌上没有叉子。15世纪末，用餐的习俗清楚地表明，欧洲人餐桌上还没有普遍使用叉子。当时流行一句忠告：取一片肉仅用三个手指，手不要留在盘子里时间过长。还有一个有关行为的提示：不要用拿过肉的那只手去摸鼻子。[1]

中国人普遍熟练地使用筷子，据我看，与西方文明使用叉子一样，都是优雅和教养的表现，然而它是一种更自然更安全的吃东西的方法：说它更自然，是因为筷子不但方便，而且是手指延伸的卫生方式；说它更安全，是因为人的口和舌不会遭遇叉子锋利的尖齿（或是像我们祖先使用的刀子的刀刃，延续到19世纪还在用）。中国人的餐桌上从来不用那种叉子、刀子。食物在厨房已切成小块，因而吃时可以用筷子很容易优雅地夹起来。使用筷子的唯一缺点是，菜装到一个盘子里，一桌人的筷子都会伸进去。不过使用叉子，在相同的情况下，也会有同样的缺点。

早期欧洲人的叉子，与中国人的筷子类似，一直有两个叉齿。一位中国大臣在谈到自己的国家时写道："中国人餐桌上，在名贵的象牙筷子旁边，还备有瓷汤匙和银叉子，用它们很容易美餐一顿，而不必用手去抓。"[2]

---

[1] 费尔德豪斯：《技术》，莱比锡和柏林，1914年。
[2]《中国戏剧》，陈季同，巴黎，1886年。

中国人总是将汤匙与筷子配合使用，关于这一点，西方人并不是很了解。正如前面提到的，中国通常采用瓷和稀有材料制作汤匙（图230）。东汉时期的文献记载了一套漆有天然漆的汤匙和筷子。宋朝的文献中记载向朝廷进贡的一套汤匙和筷子用犀牛角制成，还有一套餐具用名贵香树的木料制成。这些资料清楚地表明，汤匙和筷子配合使用已有久远的历史。早期欧洲人的汤匙与图230中的中国人汤匙十分相似。汤匙的勺是椭圆的，比鸡蛋形要宽一点，它的把柄上下一般粗，在末端也没有做成扁平的。

筷子的使用主要是在中国、朝鲜和日本。蒙古人通常会在自己的腰带上挂一个盒子，里面装有刀子和筷子。蒙古人和中国北方人相貌相似，很容易识别出旅行的人——他们带着一个盒子，里面装有筷子、叉子、汤匙、刀子和金属的酒杯。在我见到的一只盒子里，除了上面的器具，还有一条银带子，8英寸长，0.25英寸宽，又薄又软，用来做舌刮。

图231
茶壶保温装置

舌刮在中国应用相当普遍，它用牛羊的角做成，在早晨洗漱时用来刮舌苔。不仅中国人在乎他们的舌苔，我在德国的祖父（1813—1892）也习惯用舌刮。很显然，用舌刮一度十分流行，而近些年来，这种风气似乎已消失。

中国人全民性的饮料是茶，说得更确切些，是热茶。中国人在工作中、休息时，必须不时地喝一杯茶。如果有客来，要奉上热茶；当你进入一家上等店铺，也必定会有一名店员捧上热茶请你用，以便谈生意。在这种需求下，中国人出于节俭的习性，发明了一种方法，可保持一次烧开的茶几小时不凉。中国人制作的保温装置，可以说是西方现代暖水瓶的前身：用一个编织篮子或木制桶，把茶壶放在里面，四周用棉花填塞紧，只让茶壶嘴伸出来，盖子上有棉花做的垫子。就这样，茶壶的周边和上下都被保护了起来。

图231是一个上了漆的茶壶保温桶，形状上与小木桶相似。不连把柄，保温桶高9英寸，跨过盖子直径为11英寸。相对的两块桶板，延伸构成桶的把柄。把柄部分上开有洞，可穿进水平放置的木把，以便向下压紧盖子。移动桶盖上的木把，使它向右边靠近，这样它便脱开左边的孔，可以退出来。将木桶盖拿下，为茶壶添水。茶壶是用白镴制作的。为便于倒茶，要把保温桶倾斜，从壶嘴里流出茶水。图上可见从保温桶边缘（顶部的前边）凹槽里伸出的壶嘴。这张照片是在江西省的沙河拍摄的。